U0370274

算法分析与设计

主　编　黎远松　彭其华　贺全兵
　　　　雷光洪　杨维剑
副主编　王　晓　梁金明　彭　龑

西南交通大学出版社
·成　都·

内容简介

本书将计算机经典问题和算法设计技术结合起来，系统深入地介绍了算法设计技术及其在经典问题中的应用。全书共 8 章，第 1 章介绍了算法分析与设计的基本概念和基本方法，第 2 ~ 8 章分别介绍分治法、动态规划法、贪心法、回溯法、分支限界法、概率算法和近似算法等算法设计技术，每章均附有一篇阅读材料，介绍了算法领域的一些最新研究成果。书中所有算法均给出了 C++描述，书中所有问题均给出了若干应用实例。

本书内容丰富，深入浅出，结合应用，图例丰富，可作为高等院校计算机专业本科生学习算法设计与分析的教材，也可供工程技术人员和自学读者学习参考。

图书在版编目（ＣＩＰ）数据

算法分析与设计 /黎远松等主编. —成都：西南交通大学出版社，2013.8
ISBN 978-7-5643-2615-9

Ⅰ.①算… Ⅱ.①黎… Ⅲ.①电子计算机－算法分析－高等学校－教材②电子计算机－算法设计－高等学校－教材 Ⅳ.①TP301.6

中国版本图书馆 CIP 数据核字（2013）第 206448 号

算法分析与设计

主编 黎远松 彭其华 贺全兵
雷光洪 杨维剑

*

责任编辑 张 波
封面设计 墨创文化

西南交通大学出版社出版发行

四川省成都市金牛区交大路 146 号 邮政编码: 610031 发行部电话: 028-87600564
http://press.swjtu.edu.cn

四川森林印务有限责任公司印刷

*

成品尺寸: 185 mm × 260 mm 印张: 13.5
字数: 334 千字
2013 年 8 月第 1 版 2013 年 8 月第 1 次印刷
ISBN 978-7-5643-2615-9
定价: 26.00 元

前　言

算法分析与设计是计算机专业的一门专业基础课，越来越受到重视，CC2001 和 CCC2002 都将"算法和复杂性"列为主领域，将算法设计策略、基本可计算性理论、P 和 NP 问题类等算法设计技术和复杂性分析方法列为核心知识单元。

无论是计算科学还是计算实践，算法都在其中扮演着重要角色，算法被公认为是计算机科学的基石。翻开重要的计算机学术刊物，算法都占有一席之地，没有算法，计算机程序将不复存在。对于计算机专业的学生，学会读懂算法、设计算法，应该是一项最基本的要求，而发明算法则是计算机学者的最高境界。

提高学生的问题求解能力是高等教育的一个主要目标，在计算机科学的课程体系中，安排一门关于算法设计与分析的课程是非常必要的，因为这门课程能够引导学生的思维过程，告诉学生如何应用一些特定的算法设计策略来解决问题。学习算法还能够提高学生分析问题的能力。因此，无论是否涉及计算机，特定的算法设计技术都可以看做是问题求解的有效策略。

本书将计算机经典问题和算法设计技术结合起来，系统深入地介绍了算法设计技术及其在经典问题中的应用。通过同一算法设计技术在不同问题中的应用进行比较，牢固掌握算法设计技术的基本策略；通过不同的算法设计技术在同一问题中的应用进行比较，更容易体会到算法设计技术的思想方法，收到融会贯通的效果。所以，读者除了按本书组织的章节学习外，还可以将每种算法设计技术的问题提取出来，比较解决相同问题的不同解决方法。随着本书内容的不断展开，读者也将感受到综合应用多种算法设计技术有时可以更有效地解决问题。

全书共 8 章，第 1 章介绍了算法分析与设计的基本概念和基本方法，第 2～8 章分别介绍了分治法、动态规划法、贪心法、回溯法、分支限界法、概率算法和近似算法等算法设计技术。

书中所有问题均给出了若干应用实例，每章还设有一个实验。每章均附有一篇阅读材料，以简明易懂的笔触介绍了算法领域的一些最新研究成果，保证知识的先进性。书中所有算法均给出了 C++描述。在算法介绍上，注重对问题求解过程的理解，注重算法设计思路和分析过程的讲解，体现了"授之以渔"的教学理念。

在编写的过程中，一直得到何海涛、周述文、鲜乾坤等系主任的大力支持和帮助，在此表示衷心的感谢。

由于作者的知识和写作水平有限，书稿虽几经修改，仍难免有缺点和错误。热忱欢迎同行专家和读者批评指正，使本书在使用中不断改进、日臻完善。

作者的电子邮箱是：lys700620@yeah.net。

作　者

2013 年 7 月

目　　录

3

第1章 绪 论

1.1 算法的基本概念

算法的概念在计算机科学领域几乎无处不在，在各种计算机软件系统的实现中，算法设计往往处于核心地位。例如，操作系统是现代计算机系统中不可缺少的系统软件，操作系统的各个任务都是一个单独的问题，每个问题由操作系统中的一个子程序根据特定的算法来实现。用什么方法来设计算法、如何判定一个算法的优劣、所设计的算法需要占用多少时间资源和空间资源，在实现一个软件系统时，都是必须予以解决的重要问题。

1.1.1 为什么要学习算法

（1）用计算机求解任何问题都离不开程序设计，而程序设计的核心是算法设计。

一般来说，对程序设计的研究可以分为 4 个层次：算法、方法学、语言和工具，其中算法研究位于最高层次。算法对程序设计的指导可以延续几年甚至几十年，它不依赖于方法学、语言和工具的发展与变化。例如，用于数据存储和检索的 Hash 算法产生于 20 世纪 50 年代，用于排序的快速排序算法发明于 20 世纪 60 年代，但它们至今仍被人们广为使用，可是程序设计方法已经从结构化发展到面向对象，程序设计语言也变化了几代，至于编程工具很难维持 3 年不变。所以，对于从事计算机专业的人士来说，学习算法是非常必要的。

（2）学习算法还能够提高人们分析问题的能力。

算法可以看做是解决问题的一类特殊方法——它不是问题的答案，而是经过精确定义的、用来获得答案的求解过程。因此，无论是否涉及计算机，特定的算法设计技术都可以看做是问题求解的有效策略。著名的计算机科学家克努特（Donald Knuth）是这样论述这个问题的："受过良好训练的计算机科学家知道如何处理算法，如何构造算法、操作算法、理解算法以及分析算法，这些知识远不只是为了编写良好的计算机程序而准备的。算法是一种一般性的智能工具，一定有助于我们对其他学科的理解，不管是化学、语言学、音乐还是另外的学科。为什么算法会有这种作用呢？我们可以这样理解：人们常说，一个人只有把知识教给别人，才能真正掌握它。实际上，一个人只有把知识教给计算机，才能真正掌握它，也就是说，将知识表述为一种算法比起简单地按照常规去理解事物，用算法将其形式化会使我们获得更加深刻的理解。"

算法研究的核心问题是时间（速度）问题。人们可能有这样的疑问：既然计算机硬件技术的发展使得计算机的性能不断提高，算法的研究还有必要吗？

计算机的功能越强大，人们就越想去尝试更复杂的问题，而更复杂的问题需要更大的计算量。现代计算技术在计算能力和存储容量上的革命仅仅提供了计算更复杂问题的有效工具，无论硬件性能如何提高，算法研究始终是推动计算机技术发展的关键。下面看几个例子。

1. 检索技术

20 世纪 50 年代 ~ 60 年代，检索的对象是规模比较小的数据集合。例如，编译系统中的符号表，表中的记录个数一般在几十至数百这样的数量级。

20 世纪 70 年代 ~ 80 年代，数据管理采用数据库技术，数据库的规模在 k 级或 M 级，检索算法的研究在这个时期取得了巨大的进展。

20 世纪 90 年代以来，Internet 引起计算机应用的急速发展，**海量数据的处理技术**成为研究的热点，而且数据驻留的存储介质、数据的存储方法以及数据的传输技术也发生了许多变化，这些变化使得检索算法的研究更为复杂，也更为重要。

近年来，**智能检索技术**成为基于 Web 信息检索的研究热点。使用搜索引擎进行 Web 信息检索时，经常看到一些搜索引擎前 50 个搜索结果中几乎有一半来自同一个站点的不同页面，这是检索系统缺乏智能化的一种表现。另外，在传统的 Web 信息检索服务中，信息的传输是按 pull 的模式进行的，即用户找信息。而采用 push 的方式，是信息找用户，用户不必进行任何信息检索，就能方便地获得自己感兴趣的信息，这就是**智能信息推送技术**。这些新技术的每一项重要进步都与算法研究的突破有关。

2. 压缩与解压缩

随着多媒体技术的发展，计算机的处理对象由原来的字符发展到图像、图形、音频、视频等多媒体数字化信息，这些信息数字化后，其特点就是数据量非常庞大，同时，处理多媒体所需的高速传输速度也是计算机总线所不能承受的。因此，对多媒体数据的存储和传输都要求对数据进行压缩。声音文件的 MP3 压缩技术说明了压缩与解压缩算法研究的巨大成功，一个播放 3 ~ 4 min 歌曲的 MP3 文件通常只需 3 MB 左右的磁盘空间。

3. 信息安全与数据加密

在计算机应用迅猛发展的同时，也面临着各种各样的威胁。一位酒店经理曾经描述了这样一种可能性："如果我能破坏网络的安全性,想想你在网络上预订酒店房间所提供的信息吧! 我可以得到你的名字、地址、电话号码和信用卡号码，我知道你现在的位置，将要去哪儿，何时去，我也知道你支付了多少钱，我已经得到足够的信息来盗用你的信用卡!"这的确是一个可怕的情景。所以，在电子商务中，信息安全是最关键的问题，保证信息安全的一个方法就是对需要保密的数据进行加密。在这个领域，数据加密算法的研究是绝对必需的，其必要性与计算机性能的提高无关。

1.1.2　算法及其重要特性

算法（algorithm）被公认为是计算机科学的基石。通俗地讲，算法是解决问题的方法。严格地说，算法是对特定问题求解步骤的一种描述，是指令的有限序列，此外，算法还必须满足下列 5 个重要特性：输入、输出、有穷性、确定性、可行性。

1.1.3 算法的描述方法

算法设计者在构思和设计了一个算法之后，必须清楚准确地将所设计的求解步骤记录下来，即描述算法。常用的描述算法的方法有自然语言、流程图、程序设计语言和伪代码等。

1.1.4 算法设计的一般过程

算法是问题的解决方案，这个解决方案本身并不是问题的答案，而是能获得答案的指令序列。不言而喻，由于实际问题千奇百怪，问题求解的方法千变万化，所以，算法的设计过程是一个灵活的充满智慧的过程，它要求设计人员根据实际情况，具体问题具体分析。可以肯定的是，发明（或发现）算法是一个非常有创造性和值得付出精力的过程。在设计算法时，遵循下列步骤可以在一定程度上指导算法的设计。

1. 理解问题

在面对一个算法任务时，算法设计者往往不能准确地理解要求他做的是什么，对算法希望实现什么只有一个大致的想法就匆忙地落笔写算法，其后果往往是写出的算法漏洞百出。在设计算法时需要做的第一件事情就是完全理解要解决的问题，仔细阅读问题的描述，手工处理一些小例子。对设计算法来说，这是一项重要的技能：准确地理解算法的输入是什么？要求算法做的是什么？即明确算法的入口和出口，这是设计算法的切入点。

2. 预测所有可能的输入

算法的输入确定了该算法所解问题的一个实例。一般而言，对于问题 P，总有其相应的实例集 I，则算法 A 若是问题 P 的算法，意味着把 P 的任一实例 input∈I 作为算法 A 的输入，都能得到问题 P 的正确输出。预测算法所有可能的输入，包括合法的输入和非法的输入。事实上，无法保证一个算法（或程序）永远不会遇到一个错误的输入，一个对大部分输入都运行正确而只有一个输入不行的算法，就像一颗等待爆炸的炸弹。这绝不是危言耸听，有大量这种引起灾难性后果的案例。例如，许多年以前，整个 AT&T 的长途电话网崩溃，造成了几十亿美元的直接损失。原因只是一段程序的设计者认为他的代码能一直传送正确的参数值，可是有一天，一个不应该有的值作为参数传递了，导致了整个北美电话系统的崩溃。

如果养成习惯——首先考虑问题和它的数据，然后列举出算法必须处理的所有特殊情况，那么可以更快速地成功构造算法。

3. 在精确解和近似解间做选择

计算机科学的研究目标是用计算机来求解人类所面临的各种问题。但是，有些问题无法求得精确解，例如计算 π 值、求平方根、解非线性方程、求定积分等；有些问题由于其固有的复杂性，求精确解需要花费太长的时间，其中最著名的要算旅行商问题（即 TSP 问题），此时，只能求出近似解。有时需要根据问题以及问题所受的资源限制，在精确解和近似解间做选择。

4. 确定适当的数据结构

确定数据结构通常包括对问题实例的数据进行组织和重构，以及为完成算法所设计的辅助数据结构。

5. 算法设计技术

现在，设计算法的必要条件都已经具备了，如何设计一个算法来解决一个特定的问题呢？这正是本书讨论的主题。算法设计技术（algorithm design technique，也称算法设计策略）是设计算法的一般性方法，可用于解决不同计算领域的多种问题。本书讨论的算法设计技术已经被证明是对算法设计非常有用的通用技术，包括分治法、动态规划法、贪心法、回溯法、分支限界法、概率算法、近似算法等。这些算法设计技术构成了一组强有力的工具，在为新问题（即没有令人满意的已知算法可以解决的问题）设计算法时，可以运用这些技术设计出新的算法。算法设计技术作为问题求解的一般性策略，在解决计算机领域以外的问题时，也能发挥相当大的作用，读者在日后的学习和工作中将会发现学习算法设计技术的好处。

6. 描述算法

在构思和设计了一个算法之后，必须清楚准确地将所设计的求解步骤记录下来，即描述算法。

7. 跟踪算法

逻辑错误无法由计算机检测出来，因为计算机只会执行程序，而不会理解动机。经验和研究都表明，发现算法（或程序）中的逻辑错误的重要方法就是系统地跟踪算法。跟踪必须要用"心和手"来进行，跟踪者要像计算机一样，用一组输入值来执行该算法，并且这组输入值要最大可能地暴露算法中的错误。即使有几十年经验的高级软件工程师，也经常利用此方法查找算法中的逻辑错误。

8. 分析算法的效率

9. 根据算法编写代码

算法设计的一般过程如图 1.1 所示。需要强调的是，一个好算法是反复努力和重新修正的结果，所以，即使足够幸运地得到了一个貌似完美的算法，也应该尝试着改进它。

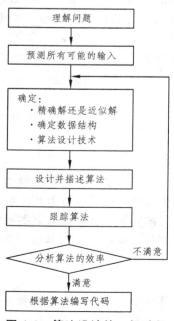

图 1.1　算法设计的一般过程

4

那么，什么时候应该停止这种改进呢？设计算法是一种工程行为，需要在资源有限的情况下，在互斥的目标之间进行权衡。设计者的时间显然也是一种资源，在实际应用中，常常是项目进度表迫使我们停止改进算法。

1.2　算法分析

算法分析（algorithm analysis）指的是对算法所需要的两种计算机资源——时间和空间进行估算，所需要的资源越多，该算法的复杂性就越高。不言而喻，对于任何给定的问题，设计出复杂性尽可能低的算法是设计算法时追求的一个重要目标；另一方面，当给定的问题有多种解法时，选择其中复杂性最低者，是选用算法时遵循的一个重要准则。随着计算机硬件性能的提高，一般情况下，算法所需要的额外空间已不是我们需要关注的重点了，但是对算法时间效率的要求仍然是计算机科学不变的主题。本书重点讨论算法时间复杂性（time complexity）的分析，对空间复杂性（space complexity）的分析是类似的。

1.2.1　渐近符号

算法的复杂性是运行算法所需要的计算机资源的量，这个量应该集中反映算法的效率，而从运行该算法的实际计算机中抽取出来。撇开与计算机软、硬件有关的因素，影响算法时间代价的最主要因素是问题规模。问题规模（problem scope）是指输入量的多少，一般来说，它可以从问题描述中得到。例如，对一个具有 n 个整数的数组进行排序，问题规模是 n。一个显而易见的事实是：几乎所有的算法，对于规模更大的输入都需要运行更长的时间。例如，需要更多时间来对更大的数组排序。所以运行算法所需要的时间 T 是问题规模 n 的函数，记作 $T(n)$。

要精确地表示算法的运行时间函数常常是很困难的，即使能够给出，也可能是个相当复杂的函数，函数的求解本身也是相当复杂的。考虑到算法分析的主要目的在于比较求解同一个问题的不同算法的效率，为了客观地反映一个算法的运行时间，可以用算法中基本语句的执行次数来度量算法的工作量。基本语句（basic statement）是执行次数与整个算法的执行时间成正比的语句，基本语句对算法运行时间的贡献最大，是算法中最重要的操作。这种衡量效率的方法得出的不是时间量，而是一种增长趋势的度量。换言之，只考察当问题规模充分大时，算法中基本语句的执行次数在渐近意义下的阶，通常使用大 O、大 Ω（Omega，大写 Ω，小写 ω）和 Θ（Theta 大写 Θ，小写 θ）等 3 种渐近符号表示。

1. 大 O 符号

定义 1.1　若存在两个正的常数 c 和 n_0，对于任意 $n \geq n_0$，都有 $T(n) \leq cf(n)$，则称 $T(n)=O(f(n))$（或称算法在 $O(f(n))$ 中）。

大 O 符号用来描述增长率的上限，表示 $T(n)$ 的增长最多像 $f(n)$ 增长得那样快，也就是说，当输入规模为 n 时，算法消耗时间的最大值，这个上限的阶越低，结果就越有价值。

大 O 符号的含义如图 1.2 所示，为了说明这个定义，将问题规模 n 扩展为实数。

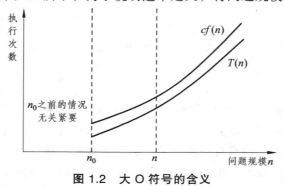

图 1.2　大 O 符号的含义

应该注意的是，定义 1.1 给了很大的自由度来选择常量 c 和 n_0 的特定值，例如，下列推导都是合理的：

$$100n + 5 \leqslant 100n + n(当\ n \geqslant 5) = 101n = \mathrm{O}(n) \qquad (c = 101，n_0 = 5)$$
$$100n + 5 \leqslant 100n + 5n(当\ n \geqslant 1) = 105n = \mathrm{O}(n) \qquad (c = 105，n_0 = 1)$$

2. 大 Ω 符号

定义 1.2　若存在两个正的常数 c 和 n_0，对于任意 $n \geqslant n_0$，都有 $T(n) \geqslant cg(n)$，则称 $T(n) = \Omega(g(n))$（或称算法在 $\Omega(g(n))$ 中）。

大 Ω 符号用来描述增长率的下限，也就是说，当输入规模为 n 时，算法消耗时间的最小值。与大 O 符号对称，这个下限的阶越高，结果就越有价值。

大 Ω 符号的含义如图 1.3 所示。

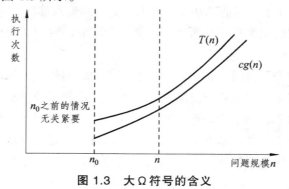

图 1.3　大 Ω 符号的含义

大 Ω 符号常用来分析某个问题或某类算法的时间下界。例如，矩阵乘法问题的时间下界为 $\Omega(n^2)$（平凡下界），是指任何两个 $n \times n$ 矩阵相乘的算法的时间复杂性不会小于 n^2，基于比较的排序算法的时间下界为 $\Omega(n\log_2 n)$，是指无法设计出基于比较的排序算法，其时间复杂性小于 $n\log_2 n$。

大 Ω 符号常常与大 O 符号配合以证明某问题的一个特定算法是该问题的最优算法，或是该问题中的某算法类中的最优算法。

3. Θ符号

定义 1.3 若存在 3 个正的常数 c_1、c_2 和 n_0，对于任意 $n \geqslant n_0$，都有 $c_1 f(n) \geqslant T(n) \geqslant c_2 f(n)$，则称 $T(n) = \Theta(f(n))$。

Θ符号意味着 $T(n)$ 与 $f(n)$ 同阶，用来表示算法的精确阶。Θ符号的含义如图 1.4 所示。

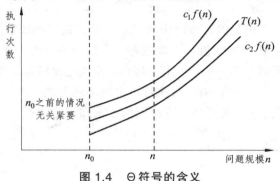

图 1.4　Θ符号的含义

下面举例说明大 O、大Ω和Θ三种渐近符号的使用。

例 1.1　$T(n) = 3n - 1$

解答：

当 $n \geqslant 1$ 时，$3n - 1 \leqslant 3n = O(n)$（放大）

当 $n \geqslant 1$ 时，$3n - 1 \geqslant 3n - n = 2n = \Omega(n)$（缩小）

当 $n \geqslant 1$ 时，$3n \geqslant 3n - 1 = 2n + n - 1 \geqslant 2n$，则 $3n - 1 = \Theta(n)$

例 1.2　$T(n) = 5n^2 + 8n + 1$

解答：

当 $n \geqslant 1$ 时，$5n^2 + 8n + 1 \leqslant 5n^2 + 8n + n = 5n^2 + 9n \leqslant 5n^2 + 9n^2 \leqslant 14n^2 = O(n^2)$

当 $n \geqslant 1$ 时，$5n^2 + 8n + 1 \geqslant 5n^2 = \Omega(n^2)$

当 $n \geqslant 1$ 时，$14n^2 \geqslant 5n^2 + 8n + 1 \geqslant 5n^2$，则 $5n^2 + 8n + 1 = \Theta(n^2)$

定理 1.1　若 $T(n) = a_m n^m + a_{m-1} n^{m-1} + \cdots + a_1 n + a_0 (a_m > 0)$，则有 $T(n) + O(n^m)$，且 $T(n) = \Omega(n^m)$，因此，有 $T(n) = \Theta(n^m)$。

1.2.2　非递归算法的分析

从算法是否递归调用的角度来说，可以将算法分为非递归算法和递归算法。对非递归算法时间复杂性的分析，关键是建立一个代表算法运行时间的求和表达式，然后用渐近符号表示这个求和表达式。

例 1.3　在一个整型数组中查找最小值元素，具体算法如下：

算法 1.1——求数组最小值

```
int ArrayMin（int a[],int n）
{
    int min=a[0];
```

7

```
    for (int i=1; i<n; i++)
    {
        if (a[i]<min)
            min=a[i];
    }
    return min;
}
```

在算法 1.1 中，问题规模显然是数组中的元素个数，执行最频繁的操作是在 for 循环中，循环体中包含两条语句：比较和赋值，应该把哪一个作为基本语句呢？由于每做一次循环都会进行一次比较，而赋值语句却不一定执行，所以，应该把比较运算作为该算法的基本语句。接下来考虑基本语句的执行次数，由于每执行一次循环就会做一次比较，而循环变量 i 从 1 到 $n-1$ 之间的每个值都会做一次循环，可得到如下求和表达式：

$$T(n) = \sum_{i=1}^{n-1} 1$$

用渐近符号表示这个求和表达式：

$$T(n) = \sum_{i=1}^{n-1} 1 = n-1 = O(n)$$

非递归算法分析的一般步骤是：

（1）决定用哪个（或哪些）参数作为算法问题规模的度量。在大多数情况下，问题规模是很容易确定的，可以从问题的描述中得到。

（2）找出算法中的基本语句。算法中执行次数最多的语句就是基本语句，通常是最内层循环的循环体。

（3）检查基本语句的执行次数是否只依赖于问题规模。如果基本语句的执行次数还依赖于其他一些特性（如数据的初始分布），则最好情况、最坏情况和平均情况的效率需要分别研究。

（4）建立基本语句执行次数的求和表达式。计算基本语句执行的次数，建立一个代表算法运行时间的求和表达式。

（5）用渐近符号表示这个求和表达式。计算基本语句执行次数的数量级，用大 O 符号来描述算法增长率的上限。

1.2.3 递归算法的分析

递归算法实际上是一种分而治之的方法，它把复杂问题分解为若干个简单问题来求解。对递归算法时间复杂性的分析，关键是根据递归过程建立递推关系式，然后求解这个递推关系式。下面介绍几种求解递推关系式的技术。

1. 猜测技术

猜测技术首先对递推关系式估计一个上限，然后试着证明它正确。如果给出了一个正确的上限估计，经过归纳证明就可以验证事实。如果证明成功，那么就试着收缩上限。如果证明失败，那么就放松限制再试着证明，一旦上限符合要求就可以结束了。当只求解算法的近似复杂性时这是一种很有用的技术。

例 1.4 使用猜测技术分析二路归并排序算法的时间复杂性。

二路归并排序是将一个长度为 n 的记录序列分成两部分，分别对每一部分完成归并排序，最后把两个子序列合并到一起。其运行时间用下面的递推式描述：

$$T(n) = \begin{cases} 1 & n = 2 \\ 2T(n/2) + n & n > 2 \end{cases}$$

也就是说，在序列长度为 n 的情况下，算法的代价是序列长度为 $n/2$ 时代价的 2 倍（对归并排序的递归调用）加上 n（把两个子序列合并在一起）。

假定 $T(n) \leq n^2$，并证明这个猜测是正确的。在证明中，为了计算方便，假定 $n = 2^k$。

对于最基本的情况，$T(2) = 1 \leq 2^2$；对于所有 $i \leq n$，假设 $T(i) \leq i^2$，而

$$T(2n) = 2T(n) + 2n \leq 2n^2 + 2n \leq 4n^2 = (2n)^2$$

由此，$T(n) = O(n^2)$ 成立。

$O(n^2)$ 是一个最小上限吗？如果猜测更小一些，例如对于某个常数 c，$T(n) \leq cn$，很明显，这样做不行。所以，真正的代价一定在 n 和 n^2 之间。

现在试一试 $T(n) \leq n\log_2 n$。

对于最基本的情况，$T(2) = 1 \leq (2\log_2 2) = 2$；对于所有 $i \leq n$，假设 $T(i) \leq i\log_2 i$，而

$$T(2n) \leq 2T(n) + 2n \leq 2n\log_2 n + 2n = 2n(\log_2 n + 1) \leq 2n\log_2(2n)$$

这就是我们要证明的，$T(n) = O(n\log_2 n)$。

2. 扩展递归技术

扩展递归技术是将递推关系式中等式右边的项根据递推式进行替换，这称为扩展。扩展后的项被再次扩展，以此下去，会得到一个求和表达式，然后就可以借助于求和技术了。

例 1.5 使用扩展递归技术分析下面递推式的时间复杂性。

$$T(n) = \begin{cases} 7 & n = 1 \\ 2T(n/2) + 5n^2 & n > 1 \end{cases}$$

简单起见，假定 $n = 2^k$。将递推式像下面这样扩展：

$$\begin{aligned} T(n) &= 2T(n/2) + 5n^2 \\ &= 2(2T(n/4) + 5(n/2)^2) + 5n^2 \\ &= 2(2(2T(n/8) + 5(n/4)^2) + 5(n/2)^2) + 5n^2 \\ &\quad\vdots \\ &= 2^k T(1) + 2^{k-1} 5 \left(\frac{n}{2^{k-1}}\right)^2 + \cdots + 2 \times 5 \left(\frac{n}{2}\right)^2 + 5n^2 \end{aligned}$$

最后这个表达式可以使用如下的求和表示：

$$T(n) = 7n + 5\sum_{i=0}^{k-1}\left(\frac{n^2}{2^i}\right) = 7n + 5n^2\left(2 - \frac{1}{2^{k-1}}\right)$$

$$= 7n + 5n^2\left(2 - \frac{2}{n}\right) = 10n^2 - 3n \leqslant 10n^2 = O(n^2)$$

其扩展过程也可以直观地描述为：

$$
\begin{array}{c}
T(n) \\
2 \diagdown \quad T(n/2) \quad +5n^2 \\
2 \diagdown \quad T(n/2^2) \quad +5(n/2)^2 \\
2 \diagdown \quad T(n/2^3) \quad +5(n/2^2)^2 \\
2 \diagdown \quad T(n/2^m) \quad +5(n/2^{m-1})^2
\end{array}
$$

3. 通用分治递推式

递归算法分析的第 3 种技术是利用通用分治递推式：

$$T(n) = \begin{cases} c & n = 1 \\ aT(n/b) + cn^k & n > 1 \end{cases}$$

其中 a、b、c、k 都是常数。这个递推式描述了大小为 n 的原问题分成若干个大小为 n/b 的子问题，其中 a 个子问题需要求解，而 cn^k 是合并各个子问题的解需要的工作量。下面使用扩展递归技术对通用分治递推式进行推导，并假定 $n = b^m$。

$$
\begin{aligned}
T(n) &= aT\left(\frac{n}{b}\right) + cn^k \\
&= a\left(aT\left(\frac{n}{b^2}\right) + c\left(\frac{n}{b}\right)^k\right) + cn^k \\
&\quad \vdots \\
&= a^m T(1) + a^{m-1}c\left(\frac{n}{b^{m-1}}\right)^k + \cdots + ac\left(\frac{n}{b}\right)^k + cn^k \\
&= c\sum_{i=0}^{m} a^{m-i}\left(\frac{n}{b^{m-i}}\right)^k \\
&= c\sum_{i=0}^{m} a^{m-i}b^{ik} \\
&= ca^m \sum_{i=0}^{m}\left(\frac{b^k}{a}\right)^i
\end{aligned}
$$

这个求和是一个几何级数，其值依赖于比率 $r = \dfrac{b^k}{a}$，注意到 $a^m = a^{\log_b n} = n^{\log_b a}$，有以下 3 种情况：

（1）$r<1$：$\displaystyle\sum_{i=0}^{m} r^i < \frac{1}{1-r}$，由于 $a^m = n^{\log_b a}$，所以 $T(n) = O(n^{\log_b a})$。

（2）$r = 1$：$\sum_{i=0}^{m} r^i = m + 1 = \log_b n + 1$，由于 $a^m = n^{\log_b a} = n^k$，所以 $T(n) = O(n^k \log_b n)$。

（3）$r > 1$：$\sum_{i=0}^{m} r^i = \dfrac{r^{m+1} - 1}{r - 1} = O(r^m)$，所以，$T(n) = O(a^m r^m) = O(b^{km}) = O(n^k)$。

对通用分治递推式的推导概括为下面的主定理：

$$T(n) = \begin{cases} O(n^{\log_b a}) & a > b^k \\ O(n^k \log_b n) & a = b^k \\ O(n^k) & a < b^k \end{cases}$$

1.2.4　算法的后验分析

前面我们介绍了如何对非递归算法和递归算法进行数学分析，这些分析技术能够在数量级上对算法进行精确度量。但是，数学不是万能的，实际上，许多貌似简单的算法很难用数学的精确性和严格性来分析，尤其在做平均效率分析时。

算法的后验分析（posteriori）也称算法的实验分析，它是一种事后计算的方法，通常需要将算法转换为对应的程序并上机运行。其一般步骤如下：

（1）明确实验目的。

在对算法进行实验分析时，可能会有不同的目的，例如，检验算法效率理论分析的正确性；比较相同问题的不同算法或相同算法的不同实现间的效率，等等。实验的设计依赖于实验者要寻求什么答案。

（2）决定度量算法效率的方法，为实验准备算法的程序实现。

实验目的有时会影响甚至会决定如何对算法的效率进行度量。一般来说，有以下两种度量方法：

① 计数法。在算法中的适当位置插入一些计数器，来度量算法中基本语句（或某些关键语句）的执行次数。

② 计时法。记录某个特定程序段的运行时间，可以在程序段的开始处和结束处查询系统时间，然后计算这两个时间的差。

在用计时法时需要注意，在分时系统中，所记录的时间很可能包含了 CPU 运行其他程序的时间（例如系统程序），而实验应该记录的是专门用于执行特定程序段的时间。例如，在 UNIX 中将这个时间称为用户时间，time 命令就提供了这个功能。

（3）决定输入样本，生成实验数据对于某些典型的算法（例如 TSP 问题），研究人员已经制定了一系列输入实例作为测试的基准（如 TSPLIB），但大多数情况下，需要实验人员自己确定实验的输入样本。一般来说，通常需要确定：

① 样本的规模。一种可借鉴的方法是先从一个较小的样本规模开始，如果有必要再加大样本规模。

② 样本的范围。一般来说，输入样本的范围不要小得没有意义，也不要过分大。此外，还要设计一个能在所选择的样本范围内产生输入数据的程序。

③ 样本的模式。输入样本可以符合一定的模式，也可随机产生。根据一个模式改变输入

样本的好处是可以分析这种改变带来的影响，例如，如果一个样本的规模每次都会翻倍，可以通过计算 $T(2n)/T(n)$，考察该比率揭示的算法性能是否符合一个基本的效率类型。

如果对于相同规模的不同输入实例，实验数据和实验结果会有很大不同，则需要考虑是否包括同样规模的多个不同输入实例。例如排序算法，对于同样数据集合的不同初始排列，算法的时间性能会有很大差别。

（4）对输入样本运行算法对应的程序，记录得到的实验数据。

作为实验结果的数据需要记录下来，通常用表格或者散点图记录实验数据，散点图就是在笛卡儿坐标系中用点将数据标出。以表格呈现数据的优点是直观、清晰，可以方便地对数据进行计算，以散点图呈现数据的优点是可以确定算法的效率类型。例如表 1.1 是对某算法采用计数法得到的实验数据，图 1.5 是一个典型的散点图。

表 1.1 表格法记录实验数据

规模	1 000	2 000	3 000	4 000	5 000	6 000	7 000	8 000	9 000
次数	11 966	24 303	39 992	53 010	67 272	78 692	91 274	113 063	129 799

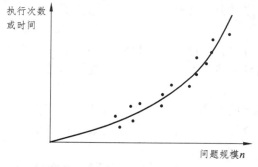

图 1.5 散点图记录实验数据

（5）分析得到的实验数据。

根据实验得到的数据，结合实验目的，对实验结果进行分析，并根据实验结果不断调整实验的输入样本，经过对比分析，得出具体算法效率的有关结论。

算法的数学分析和实验分析的基本区别是：数学分析不依赖于特定输入，缺点是适用性不强，尤其对算法做平均性能分析时。实验分析能够适用于任何算法，但缺点是其结论依赖于实验中使用的特定输入实例和特定的计算机系统。

实际应用中，可以采用数学分析和后验分析相结合的方式来分析算法。此时，描述算法效率的函数是在理论上确定的，而其中一些必要的参数则是针对特定计算机或程序根据实验数据得来的。

例 1.6 欧几里得算法在输入规模为 n 时的平均效率，是根据算法执行的平均除法次数 $D_{avg}(n)$ 来度量的，$D_{avg}(n)$ 是 $\gcd(n,1)$，$\gcd(n,2)$，$\cdots$，$\gcd(n,n-1)$ 和 $\gcd(n,n)$ 的除法次数的平均值。例如，$D_{avg}(5) = (1 + 2 + 3 + 2 + 1)/5 = 1.8$。画出 $D_{avg}(n)$ 的散点图，并指出可能的效率类型。

1. 手工计算小规模问题：

gcd（5,1）的除法次数:1

5%1=0

gcd（5,2）的除法次数:2

5%2=1

2%1=0

⋮

D_{avg}（1）=1

D_{avg}（2）=1

D_{avg}（3）=3/4

…

2. 编程计算，用表格记录实验数据：

n	1	2	3	4	5	6	7	8	9	10
D_{avg}（n）	1	1	1.3	1.3	1.8	1.3	2	1.9	1.9	1.8

3. 用 Excel 作图：

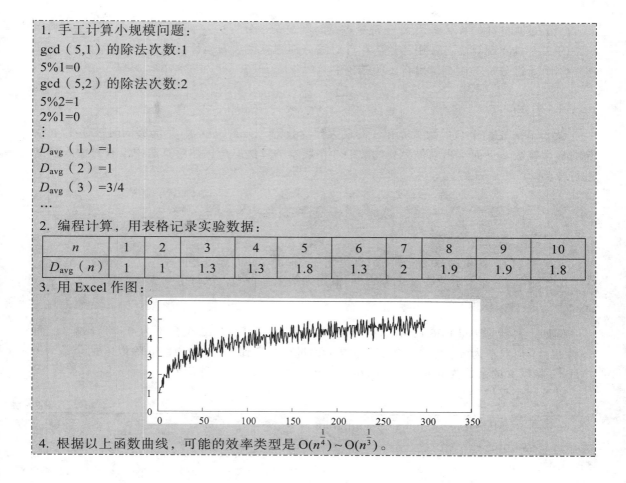

4. 根据以上函数曲线，可能的效率类型是 $O(n^{\frac{1}{4}}) \sim O(n^{\frac{1}{3}})$。

实验 1——求最大公约数

1．实验题目

求两个自然数 m 和 n 的最大公约数。

2．实验目的

（1）复习数据结构课程的相关知识，实现课程间的平滑过渡；

（2）掌握并应用算法的数学分析和后验分析方法；

（3）理解这样一个观点：不同的算法能够解决相同的问题，这些算法的解题思路不同，复杂程度不同，解题效率也不同。

3．实验要求

（1）至少设计出三个版本的求最大公约数算法；

（2）对所设计的算法采用大 O 符号进行时间复杂性分析；

（3）上机实现算法，并用计数法和计时法分别测算算法的运行时间；

（4）通过分析对比，得出自己的结论。

4. 实验提示

设 m 和 n 是两个自然数，m 和 n 的最大公约数记为 gcd（m,n），是能够同时被 m 和 n 整除的最大整数。下面给出求最大公约数的 3 个版本的算法思想，注意算法中没有对输入数据进行校验。

算法 1.2——连续整数检测

1. t = min{m,n}；
2. m 除以 t，如果余数为 0，则执行步骤 3，否则，执行第 4 步；
3. n 除以 t，如果余数为 0，返回 t 的值作为结果，否则，执行第 4 步；
4. $t = t - 1$，转第 2 步；

例如，要计算 gcd（66,12），首先令 t = 12，因为 66 除以 12 余数不为 0，将 t 减 1，而 66 除以 11 余数不为 0，再将 t 减 1，重复上述过程，直到 t = 6，此时 66 除以 6 的余数为 0 并且 12 除以 6 的余数为 0，则 gcd（66,12）=6。这实际上是一种蛮力法。

以下程序仅供参考。

```
/*gcd.c--Note:MUST be a C,not a C++,program!*/
#include <stdlib.h>
int gcd（int m,int n）
{
    int t=min（m,n）;    /*min 只用于 C 程序!*/
    while（m%t!=0 || n%t!=0）
        t=t-1;
    return t;
}
```

算法 1.3——欧几里得算法

1. r=m%n；
2. 循环直到 r=0
   2.1 m=n；
   2.2 n=r；
   2.3 r=m%n；
3. 输出 n；

例如，要计算 gcd（66,12），因为 66 除以 12 的余数为 6，再将 12 除以 6，余数为 0，则

gcd（66,12）=6。用数学式子表示为：

$$66 = 12 \times 5 + 6 = (6 \times 2 + 0) \times 5 + 6 = 6 \times 2 \times 5 + 6 = 6 \times (2 \times 5 + 1) = 6 \times 11 + 0$$
$$12 = 6 \times 2 + 0$$

以下程序仅供参考。

```cpp
#include <iostream>
#include <windows.h>
using namespace std;
int gcd（int m,int n）
{
    int j=1;
    int r=m%n;
    while（r!=0）
    {
        m=n;
        n=r;
        r=m%n;
        j++; //计数法
    }
    cout<<"计数法:"<<j<<"次"<<endl;
    return n;
}
void main（）
{
    LARGE_INTEGER start,end,f;
    int a=12,b=66;
    QueryPerformanceFrequency（&f）;
    QueryPerformanceCounter（&start）;
    int c=gcd（a,b）;
    QueryPerformanceCounter（&end）;
    cout<<"计时法:"<<1000*1000*double（end.QuadPart-start.QuadPart）/f.QuadPart<<"ns"<<endl;
    system（"pause"）;
}
```

算法 1.4——分解质因数

1. 将 m 分解质因数；

2. 将 n 分解质因数；

3. 提取 m 和 n 中的公共质因数；

4. 将 m 和 n 中的公共质因数相乘，乘积作为结果输出；

例如，要计算 gcd（66,12），首先分解质因数 $66 = 2 \times 3 \times 11$，$12 = 2 \times 2 \times 3$，然后提取二者的公共质因数 2×3，则 gcd（66,12）$= 2 \times 3 = 6$。

严格地说，算法 1.6 还不能称为一个真正意义上的算法，因为其中求质因数的步骤没有明确定义（该步骤应该得到一个质因数的数组），如何提取 m 和 n 中的公共质因数也没有定义清楚。以下程序仅供参考。

```cpp
#include <iostream>
#include <math.h>
using namespace std;
/*********************************************/
void decompose（int x,int *xa）
{
    int j=1;
    for（int i=2；i<=sqrt（x）；i++）
    {
        while（x!=i）
        {
            if（x%i==0）
            {
                xa[j++]=i;
                x=x/i; //x 在动态改变,sqrt（x）在动态改变!
            }//if
            else
                break;
        }//while,此循环把因子 i 全求出来
    }//for,不在含有因子 i 了,故 i 只需接着加 1,考虑变化后的 x 的下一个因子!
    xa[j++]=x;
}//decompose
void fetch（int* ma,int* na,int* ca）
{
    int i=1,j=1,k=1;
    while（ma[i] && na[j]）//当 m 和 n 都还有因子没有提取完循环
    {
        if（ma[i]==na[j]）
        {
            ca[k++]=ma[i++];
            j++;
        }//if
        else if（ma[i]>na[j]）
            j++;
        else
            i++;
    }//while
```

```
}//fetch
int gcd（int m,int n）
{
    int *ma=new int[sqrt（m）+2],*na=new int[sqrt（n）+2],*ca=new int[sqrt（m）+2];

    memset（&ma[1],0,（sqrt（m）+1）*sizeof（ma[1]））; //下标从 1 开始
    memset（&ca[1],0,（sqrt（m）+1）*sizeof（ca[1]））;
    memset（&na[1],0,（sqrt（n）+1）*sizeof（na[1]））;
    decompose（m,ma）; //将 m 分解质因数,用数组 ma 返回
    decompose（n,na）;
    fetch（ma,na,ca）; //提取 m 和 n 中的公共质因数;
    int i=1,r=1;
    while（ca[i]）
        r*=ca[i++];
    return r;
}//gcd
void main（）
{
    int m=66,n=12;
    int r=gcd（m,n）;
    printf（"gcd（%d,%d）=%d\n",m,n,r）;
}//main
```

阅读材料 1——海量数据处理方法：Bloom filter

大数据量的问题是很多面试笔试中经常出现的问题，比如 baidu、google、腾讯这样的一些涉及海量数据的公司经常会问到,下面的一些问题基本直接来源于公司的面试笔试题目。

适用范围：可以用来实现数据字典，进行数据的判重或者集合求交集。

基本原理及要点：对于原理来说很简单，位数组+k 个独立 hash 函数。将 hash 函数对应的值的位数组置 1，查找时如果发现所有 hash 函数对应位都是 1 说明存在，很明显这个过程并不保证查找的结果是 100%正确的。同时也不支持删除一个已经插入的关键字，因为该关键字对应的位会牵动到其他的关键字。所以一个简单的改进就是 counting Bloom filter，用一个 counter 数组代替位数组，就可以支持删除了。

还有一个比较重要的问题，如何根据输入元素个数 n，确定位数组 m 的大小及 hash 函数个数。当 hash 函数个数 $k = (\ln 2) \cdot (m/n)$时错误率最小。在错误率不大于 E 的情况下，m 至少

要等于 $n\log_2\dfrac{1}{E}$ 才能表示任意 n 个元素的集合。但 m 还应该更大些，因为还要保证 bit 数组里至少一半为 0，则 $m \geq n\log_2\dfrac{1}{E}\log_2 \mathrm{e} \approx 1.44 n\log_2\dfrac{1}{E}$ 倍。

举个例子我们假设错误率为 0.01，则此时 m 应大概是 n 的 13 倍。这样 k 大概是 8 个。

注意这里 m 与 n 的单位不同，m 是 bit 为单位，而 n 则是以元素个数为单位（准确地说是不同元素的个数）。通常单个元素的长度都是有很多 bit 的。所以使用 bloom filter 内存上通常都是节省的。

扩展：Bloom filter 将集合中的元素映射到位数组中，用 k（k 为哈希函数个数）个映射位是否全 1 表示元素在不在这个集合中。Counting bloom filter（CBF）将位数组中的每一位扩展为一个 counter，从而支持了元素的删除操作。Spectral Bloom Filter（SBF）将其与集合元素的出现次数关联。SBF 采用 counter 中的最小值来近似表示元素的出现频率。

问题实例：给你 A，B 两个文件，各存放 50 亿条 URL，每条 URL 占用 64 Byte，内存限制是 4G，让你找出 A，B 文件共同的 URL。如果是三个乃至 n 个文件呢？

根据这个问题我们来计算下内存的占用：

1 kB=1024Byte=2^{10}Byte，

1 MB=1024kB=2^{10}kB=$2^{10} \times 2^{10}$Byte=2^{20}Byte，

1 GB=1024MB=2^{10}MB=$2^{10} \times 2^{20}$Byte=2^{30}Byte，

4 GB=4×2^{30}Byte=2^{32}Byte=4294967296Byte≈40 亿 Byte≈40 亿×8bit≈320 亿 bit，

n=50 亿条 URL（n 则是以元素个数为单位，准确地说是不同元素的个数，这里是 URL 的条数），如果按出错率 E=0.01 算需要的大概是 50×13=650 亿个 bit。现在可用的是 320 亿 bit，相差并不多，这样可能会使出错率上升些。另外如果这些 URL 与 IP 是一一对应的，就可以转换成 IP，则可大大简单了。

习题 1

一、选择题

1. 设 $f(N)$，$g(N)$ 是定义在正数集上的正函数，如果存在正的常数 C 和自然数 N_0，使得当 $N \geq N_0$ 时有 $f(N) \leq Cg(N)$，则称函数 $f(N)$ 当 N 充分大时有上界 $g(N)$，记作 $f(N)$=O$(g(N))$，即 $f(N)$ 的阶 （A） $g(N)$ 的阶。

  A. 不高于   B. 不低于

  C. 等价于   D. 逼近

二、填空题

1. 算法运行所需要的计算机资源的量，称为算法复杂性，主要包括 时间复杂性 和 空间复杂性 。

2. 假设某算法在输入规模为 n 时的计算时间为 $T(n) = 3 \times 2^n$。在某台计算机上实现并完成该算法的时间为 t 秒。现有另一台计算机，其运行速度为第一台的 64 倍，那么在这台计算机上用同一算法在 t 秒内能解决输入规模为 <u>$n+6$</u> 的问题。若上述算法的计算时间改进为 $T(n)=n^2$，其余条件不变，则在新机器上用 t 秒事件能解输入规模为 <u>$8n$</u> 的问题。

3. 算法的 4 个重要特性是：<u>输入</u>、<u>输出</u>、<u>确定性</u>、<u>有限性</u>。

三、判断题（正确的打'√'，错误的打'×'）

1. 如果 $g(n)=\mathrm{O}(f(n))$，则 $\mathrm{O}(f)+\mathrm{O}(g)=\mathrm{O}(f)$。（ √ ）

四、综合应用题

1. 证明：$\mathrm{O}(f)+\mathrm{O}(g)=\mathrm{O}(f+g)$

> 证明：令 $F(n)=\mathrm{O}(f)$，则存在自然数 n_1，c_1，使得对任意的自然数 $n\geqslant n_1$，有：
> $F(n)\leqslant c_1 f(n)$
> 同理可令 $G(n)=\mathrm{O}(g)$，则存在自然数 n_2，c_2，使得对任意的自然数 $n\geqslant n_2$，有：
> $G(n)\leqslant c_2 g(n)$
> 令 $c_3=\max\{c_1,c_2\}$，$n_3=\max\{n_1,n_2\}$，则对所有的 $n\geqslant n_3$，有：
> $F(n)\leqslant c_1 f(n)\leqslant c_3 f(n)$
> $G(n)\leqslant c_2 g(n)\leqslant c_3 g(n)$
> 故有：$\mathrm{O}(f)+\mathrm{O}(g)=F(n)+G(n)\leqslant c_3 f(n)+c_3 g(n)=c_3(f(n)+g(n))$
> 因此有：$\mathrm{O}(f)+\mathrm{O}(g)=\mathrm{O}(f+g)$

2. 求函数 $3n^2+10n$ 的渐近表达式。

> 解：因为 $\dfrac{3n^2+10n-3n^2}{3n^2+10n}\to 0, n\to\infty$，由渐近表达式的定义易知：
> $3n^2$ 是 $3n^2+10n$ 的渐近表达式。

3. 求解递推关系：$f(n)=4f(n-1)-4f(n-2)$，当 $n\geqslant 2$；$f(0)=6$，$f(1)=8$

> 解：上述递推关系的特征方程是：$x^2=4x-4$，有两个相等的根：$x_1=x_2=2$
> 递推的解是：$f(n)=c_1 2^n+c_2 n\cdot 2^n$
> 代入递推关系的初始条件，得：
> $f(0)=6=c_1$，$f(1)=8=2c_1+2c_2$，得到：$c_1=6$，$c_2=-2$
> $\therefore$ 原递推关系的解是：$f(n)=3\times 2^{n+1}-n\cdot 2^{n+1}$ $(n\geqslant 0)$

4. 请将下面的递归过程改写为非递归过程。

```
void test（int &sum）
{
  int x;
  scanf（"%d",&x）;
  if（x==0）
```

```
            sum=0;
        else
        {
            test（sum）;
            sum+=x;
            printf（"%d ",sum）;
        }
    }
```

答：
```
void   test（int &sum）
{
    int x,n=0,a[10];
    scanf（"%d",&x）;
    while（x）
    {
        a[++n]=x;
        scanf（"%d",&x）;
    }
    sum=0;
    while（n）
    {
        sum+=a[n--];
        printf（"%d",sum）;
    }
}
```

5. 在欧几里得提出的欧几里得算法中(即最初的欧几里得算法)用的不是除法而是减法。请用伪代码描述这个版本的欧几里得算法。

答：除法运算可以用减法运算来实现，于是：
1. $d = abs（m - n）$;
2. 循环直到 d 等于 0
   2.1 $m = n$;
   2.2 $n = d$;
   2.3 $d = abs（m - n）$;
3. 输出 n;

具体实现：
```
#include <iostream>
#include <cmath>
using namespace std;
```

```
int Gcd（int m,int n）
{
    int d=abs（m-n）;
    while（d!=0）
    {
        m=n;
        n=d;
        d=abs（m-n）;
    }//while
    return n;
}//Gcd
void main（）
{
    cout<<Gcd（66,12）<<endl;
}//main
```
```
6
Press any key to continue_
```

6. 计算 π 值的问题能精确求解吗?设计求解 π 值的算法。

答：不能。计算量越大，精度越高，计算时间越长。有些问题无法求得精确解,例如求平方根、解非线性方程、求定积分等,同时，很多问题的解允许有一定程度的误差，只要给出的解是合理的、可接受的，近似最优解常常就能满足实际问题的需要。

相关知识概率算法和几何概率。计算方法如下：

在单位正方形内随机产生足够多的点（设为 n），落入单位圆（阴影部分）内的（设为 k）概率与其面积正比，于是：

$(\pi \times 1^2/4)/1^2=k/n$

解得：

$\pi=4k/n$

高等数学中还有计算 π 值的其他方法。

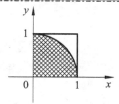

具体实现：
```
#include <iostream>
#include <ctime>
using namespace std;
/* Maximum value that can be returned by the rand function. */
// #define RAND_MAX 0x7fff
void main（）
{
```

```
    srand (time (NULL));
    int k=0,n=12345678;
    for (int i=0; i<n; i++)
    {
        double x=double (rand ()) /RAND_MAX;
        double y=double (rand ()) /RAND_MAX;
        if (x*x+y*y<=1)
            k++;
    }//for
    cout<<"PI="<<4.0*k/n<<endl;
}
```

```
PI=3.14207
Press any key to continue_
```

7. 设计算法求数组中相差最小的两个元素（称为最接近数）的差。要求给出 C++描述。

解答：我们知道，有序数组中，相差最小的两个元素一定是相邻的，于是：
```
#include <iostream>
using namespace std;
int Cmp (const void *x,const void *y)
{
    int a=* (int *) x;
    int b=* (int *) y;
    if (a<b)
        return -1;
    else if (a>b)
        return 1;
    else
        return 0;
}//Cmp
void main ()
{
    int a[9]={10,15,24,6,12,35,40,98,55},d[9];
    memset (d,0,sizeof (d));
    qsort (a,9,sizeof (int) ,Cmp); //O (nlog2n)
    for (int i=0; i<9; i++)
        d[i]=a[i+1]-a[i];
    int min=d[0],j=0;
    for (i=1; i<8; i++)
    {
        if (d[i]<min)
        {
            min=d[i];
            j=i;
        }//if
    }//for
```

```
        cout<<a[j+1]<<"-"<<a[j]<<"="<<min<<endl;
}//main
此题解法很多，还可以用蛮力法和分治法求解。
```

8. 对于下列函数，请指出当问题规模增加到 4 倍时，函数值会增加多少？
（1）$\log_2 n$ （2）$\sqrt{n}$ （3）n （4）n^2 （5）n^3 （6）2^n

答：

（1）$\log_2 4n - \log_2 n = \log_2 4 + \log_2 n - \log_2 n = 2$

（2）$\dfrac{\sqrt{4n}}{\sqrt{n}} = 2$；（3）$\dfrac{4n}{n} = 4$；（4）$\dfrac{(4n)^2}{n^2} = 16$；（5）$\dfrac{(4n)^3}{n^3} = 64$；（6）$2^{4n} = (2^n)^4$

9. 考虑下面的算法，回答下列问题：

```
int Stery（int n） //n 为非负整数
{
    S=0；
    for（i=1；i<=n；i++）
        S=S+i*i；
    return S；
}
```

（1）该算法求的是什么？

（2）该算法的基本语句是什么？

（3）基本语句执行了多少次？

（4）该算法的效率类型是什么？

（5）对该算法进行改进，分析改进算法的效率；

（6）如果算法不能再改进了，请证明这一点。

答：

（1）$1^2 + 2^2 + \cdots + n^2$

（2）$S = S + i * i$

（3）n

（4）$O(n)$

（5）$n(n+1)(2n+1)/6$

```
int Stery（int n）//n 为非负整数
{
    return n*（n+1）*（2*n+1）/6；
}
```

（6）$O(1)$

10. 使用扩展递归技术求解下列递推关系式：

（1）$T(n)=\begin{cases}4 & n=1\\3T(n-1) & n>1\end{cases}$

（2）$T(n)=\begin{cases}1 & n=1\\2T(n/3)+n & n>1\end{cases}$

解：

（1）这个是一个等比数列。故
$$T(n)=4\times 3^{n-1}$$

（2）$c=1,a=2,b=3,k=1$，

$$T(n)=2T(n/3)+n$$
$$=2^2T(n/3^2)+2n/3+n$$
$$=2^3T(n/3^3)+2^2n/3^2+2n/3+n$$
$$\vdots$$
$$=2^kT(n/3^k)+2^{k-1}n/3^{k-1}+\cdots+2n/3+n(假设n=3^k,k=\log_3 n)$$
$$=2^kT(1)+2^{k-1}n/3^{k-1}+\cdots+2n/3+n$$
$$=2^k+2^{k-1}n/3^{k-1}+\cdots+2n/3+n$$
$$=2^{\log_3 n}+n\sum_{i=0}^{k-1}\left(\frac{2}{3}\right)^i (2^{\log_3 n}\equiv n^{\log_3 2}，等比数列求和)$$
$$=n^{\log_3 2}+n\frac{1-\left(\frac{2}{3}\right)^k}{1-\frac{2}{3}}$$
$$=n^{\log_3 2}+3\left[1-\left(\frac{2}{3}\right)^k\right]n$$
$$=n^{\log_3 2}+3\left[1-\left(\frac{2}{3}\right)^{\log_3 n}\right]n$$

11. 考虑下面的递归算法，回答下列问题：

```
int Q（int n） //n 为正整数
{
    if（n==1）
        return 1；
    else
        return Q（n-1）+2*n-1；
}//Q
```

（1）该算法求的是什么？

（2）写出 $n=3$ 时的执行过程。

（3）建立该算法的递推关系式并求解。

（4）将该算法转换为非递归算法。

答：

（1）n^2

（2）

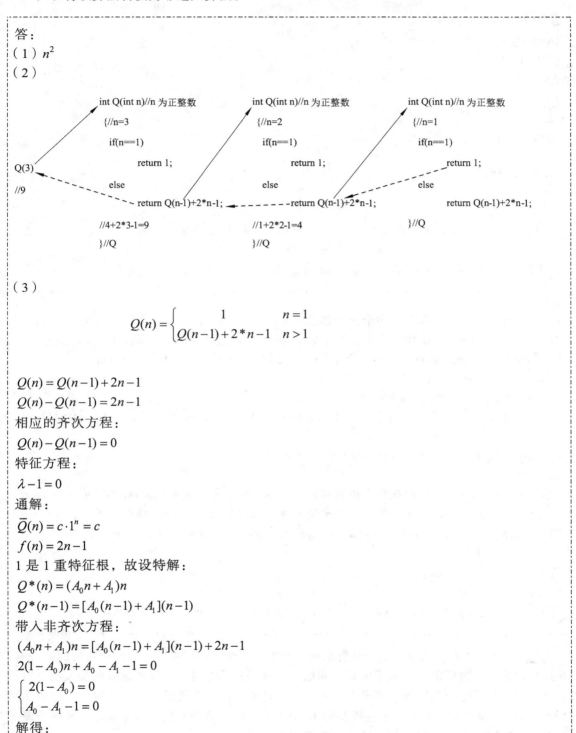

（3）

$$Q(n) = \begin{cases} 1 & n=1 \\ Q(n-1) + 2*n - 1 & n>1 \end{cases}$$

$Q(n) = Q(n-1) + 2n - 1$

$Q(n) - Q(n-1) = 2n - 1$

相应的齐次方程：

$Q(n) - Q(n-1) = 0$

特征方程：

$\lambda - 1 = 0$

通解：

$\overline{Q}(n) = c \cdot 1^n = c$

$f(n) = 2n - 1$

1 是 1 重特征根，故设特解：

$Q*(n) = (A_0 n + A_1)n$

$Q*(n-1) = [A_0(n-1) + A_1](n-1)$

带入非齐次方程：

$(A_0 n + A_1)n = [A_0(n-1) + A_1](n-1) + 2n - 1$

$2(1 - A_0)n + A_0 - A_1 - 1 = 0$

$$\begin{cases} 2(1 - A_0) = 0 \\ A_0 - A_1 - 1 = 0 \end{cases}$$

解得：

25

$$\begin{cases} A_0 = 1 \\ A_1 = 0 \end{cases}$$

$Q*(n) = (A_0 n + A_1)n = n^2$

$Q(n) = \bar{Q}(n) + Q*(n) = c + n^2$

$Q(1) = c + 1 = 1$

$c = 0$

$Q(n) = n^2$

（4）

```
int Q（int n）//n 为正整数
{
    return n*n;
}//Q
```

12. 如果 $T_1(n) = O(f(n))$, $T_2(n) = O(g(n))$, 证明：

（1）$T_1(n) + T_2(n) = \max\{O(f(n)), O(g(n))\}$

（2）$T_1(n) \times T_2(n) = O(f(n)) \times O(g(n))$

证明：（1）

$T_1(n) = O(f(n))$, 即存在两个正的常数 c_1 和 n_{01}, 对于任意 $n \geqslant n_{01}$, 都有 $T_1(n) \leqslant c_1 f(n)$

$T_2(n) = O(g(n))$, 即存在两个正的常数 c_2 和 n_{02}, 对于任意 $n \geqslant n_{02}$, 都有 $T_2(n) \leqslant c_2 g(n)$

取 $c = \max\{c_1, c_2\}$, $n_0 = \max\{n_{01}, n_{02}\}$, 即存在两个正的常数 c 和 n_0, 对于任意 $n \geqslant n_0$, 都有

$T_1(n) \leqslant c_1 f(n) \leqslant cf(n)$

$T_2(n) \leqslant c_2 g(n) \leqslant cg(n)$

$T_1(n) + T_2(n) \leqslant cf(n) + cg(n) = c(f(n) + g(n)) \leqslant c(\max\{f(n), g(n)\} + \max\{f(n), g(n)\})$

$= 2c \max\{f(n), g(n)\} = O(\max\{f(n), g(n)\})$

（2）

$T_1(n) = O(f(n))$, 即存在两个正的常数 c_1 和 n_{01}, 对于任意 $n \geqslant n_{01}$, 都有 $T_1(n) \leqslant c_1 f(n)$

$T_2(n) = O(g(n))$, 即存在两个正的常数 c_2 和 n_{02}, 对于任意 $n \geqslant n_{02}$, 都有 $T_2(n) \leqslant c_2 g(n)$

取 $c = \max\{c_1, c_2\}$, $n_0 = \max\{n_{01}, n_{02}\}$, 即存在两个正的常数 c 和 n_0, 对于任意 $n \geqslant n_0$, 都有

$T_1(n) \leqslant c_1 f(n) \leqslant cf(n)$

$T_2(n) \leqslant c_2 g(n) \leqslant cg(n)$

$f(n), g(n) > 0$

$T_1(n) \times T_2(n) \leqslant cf(n) \times cg(n) = c^2(f(n) \times g(n)) = O(f(n) \times g(n))$

13. 有 4 个人打算过桥，这个桥每次最多只能有两个人同时通过。他们都在桥的某一端，并且是在晚上，过桥需要一只手电筒，而他们只有一只手电筒。这就意味着两个人过桥后必须有一个人将手电筒带回来。每个人走路的速度是不同的：甲过桥要用 1 分钟，乙过桥要用 2 分钟，丙过桥要用 5 分钟，丁过桥要用 10 分钟，显然，两个人走路的速度等于其中较慢那个人的速度，问题是他们全部过桥最少要用多长时间？

答：要用 19 分钟。因为：

乙过去要 2 分钟，甲带回电筒要 1 分钟：2+1

丙：5+1

丁：10

14. 欧几里得游戏：开始的时候，白板上有两个不相等的正整数，两个玩家交替行动，每次行动时，当前玩家都必须在白板上写出任意两个已经出现在板上的数字的差，而且这个数字必须是新的，也就是说，和白板上的任何一个已有的数字都不相同，当一方再也写不出新数字时，他就输了。请问，你是选择先行动还是后行动?为什么?

答：开始的时候，如果白板上两个不相等的正整数的差为奇数，则选择后行动。例如，白板上有 1、4 两个数，假设甲先行动，如图所示，则甲输，故选择后行动。

| 1 |
| 4 |

| 1 |
| 4 |
| 3(甲) |

| 1 |
| 4 |
| 3(甲) |
| 2(乙) |

27

第2章 分治法

2.1 概 述

在计算机科学中，分治法是一种很重要的算法。字面上的解释是"分而治之"，就是把一个复杂的问题分成两个或更多的相同或相似的子问题，再把子问题分成更小的子问题……直到最后子问题可以简单地直接求解，原问题的解即子问题的解的合并。这个技巧是很多高效算法的基础，如排序算法(快速排序、归并排序)、傅里叶变换(快速傅里叶变换)……

2.1.1 分治法简介

任何一个可以用计算机求解的问题所需的计算时间都与其规模有关。问题的规模越小，越容易直接求解，解题所需的计算时间也越少。例如，对于 n 个元素的排序问题，当 $n=1$ 时，不需任何计算；$n=2$ 时，只要作一次比较即可排好序；$n=3$ 时只要作 3 次比较即可……而当 n 较大时，问题就不那么容易处理了。要想直接解决一个规模较大的问题，有时是相当困难的。

分治法的设计思想是，将一个难以直接解决的大问题，分割成一些规模较小的相同问题，以便各个击破，分而治之。

分治策略是：对于一个规模为 n 的问题，若该问题可以容易地解决（比如说规模 n 较小）则直接解决，否则将其分解为 k 个规模较小的子问题，这些子问题互相独立且与原问题形式相同，递归地解这些子问题，然后将各子问题的解合并得到原问题的解。这种算法设计策略叫做分治法。

如果原问题可分割成 k 个子问题，$1<k\leqslant n$，且这些子问题都可解并可利用这些子问题的解求出原问题的解，那么这种分治法就是可行的。由分治法产生的子问题往往是原问题的较小模式，这就为使用递归技术提供了方便。在这种情况下，反复应用分治手段，可以使子问题与原问题类型一致而其规模却不断缩小，最终使子问题缩小到很容易直接求出其解。这自然导致递归过程的产生。分治与递归像一对孪生兄弟，经常同时应用在算法设计之中，并由此产生许多高效算法。

分治法所能解决的问题一般具有以下几个特征：

（1）该问题的规模缩小到一定的程度就可以容易地解决；

（2）该问题可以分解为若干个规模较小的相同问题，即该问题具有最优子结构性质；

（3）利用该问题分解出的子问题的解可以合并为该问题的解；

（4）该问题所分解出的各个子问题是相互独立的，即子问题之间不包含公共的子子问题。

上述的第一条特征是绝大多数问题都可以满足的，因为问题的计算复杂性一般是随着问题规模的增加而增加；第二条特征是应用分治法的前提，它也是大多数问题可以满足的，此特征反映了递归思想的应用；第三条特征是关键，能否利用分治法完全取决于问题是否具有第三条特征，如果具备了第一条和第二条特征，而不具备第三条特征，则可以考虑用贪心法或动态规划法。第四条特征涉及分治法的效率，如果各子问题不独立，则分治法要重复地解公共的子问题，此时虽然可用分治法，但一般用动态规划法较好。

2.1.2 分治法的基本步骤

分治法在每一层递归上都有三个步骤：
（1）分解：将原问题分解为若干个规模较小、相互独立、与原问题形式相同的子问题；
（2）解决：若子问题规模较小而容易被解决则直接解，否则递归地解各个子问题；
（3）合并：将各个子问题的解合并为原问题的解。
它的一般的算法设计模式如下：

```
Divide-and-Conquer(P)
1. if |P| ≤ n₀
2.    then return(ADHOC(P))
3. 将 P 分解为较小的子问题 P₁，P₂，…，Pₖ
4. for i←1 to k
5. do yᵢ←Divide-and-Conquer(Pᵢ) //递归解决 Pᵢ
6. T←MERGE(y₁，y₂，…，yₖ) //合并子问题
7. return(T)
```

其中$|P|$表示问题 P 的规模；n_0 为一阈值，表示当问题 P 的规模不超过 n_0 时，问题已容易直接解出，不必再继续分解。ADHOC(P)是该分治法中的基本子算法(adhoc adj.特别的)，用于直接解小规模的问题 P。因此，当 P 的规模不超过 n_0 时直接用算法 ADHOC(P)求解。算法 MERGE(y_1，y_2，…，y_k)是该分治法中的合并子算法，用于将 P 的子问题 P_1，P_2，…，P_k 的相应的解 y_1，y_2，…，y_k 合并为 P 的解。

人们从大量实践中发现，在用分治法设计算法时，最好使子问题的规模大致相同。换句话说，将一个问题分成大小相等的 k 个子问题的处理方法是行之有效的。许多问题可以取 $k=2$。这种使子问题规模大致相等的做法是出自一种平衡(balancing)子问题的思想，它几乎总是比子问题规模不等的做法要好。

例如，对于给定的整数 a 和非负整数 n，采用分治法计算 a^n 的值，如果 $n=1$，可以简单地返回 a 的值；如果 $n>1$，可以把该问题分解为两个子问题：计算前 $\left\lfloor \frac{n}{2} \right\rfloor$ 个 a 的乘积和后 $\left\lceil \frac{n}{2} \right\rceil$ 个 a 的乘积，再把这两个乘积相乘得到原问题的解。所以，应用分治技术得到如下计算方法：

$$a^n = \begin{cases} a & \text{如果} n = 1 \\ a^{\left\lfloor \frac{n}{2} \right\rfloor} \times a^{\left\lceil \frac{n}{2} \right\rceil} & \text{如果} n > 1 \end{cases}$$

图 2.1 给出了 $a = 3$，$n = 4$ 的一个问题实例的求解过程，当 $n = 1$ 时的子问题求解只是简单地返回 a 的值，而每一次的合并操作只是做一次乘法。

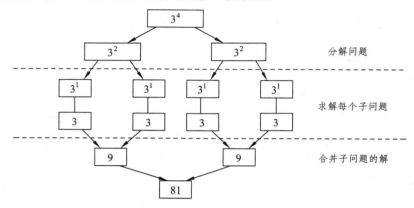

图 2.1　分治法计算 a^4 的求解过程

同应用蛮力法把 1 和 a 相乘 n 次相比，这是一个更高效的算法吗？由于把原问题 a^n 分解为两个子问题 $a^{\left\lfloor \frac{n}{2} \right\rfloor}$ 和 $a^{\left\lceil \frac{n}{2} \right\rceil}$，这两个子问题需要分别求解，根据通用分治递推式的主定理，其时间复杂性为 O(n)：

$$T(n) = \begin{cases} 1 & \text{如果} n = 1 \\ 2T\left(\frac{n}{2}\right) + 1 & \text{如果} n > 1 \end{cases}$$

这里 $a = 2$，$b = 2$，$k = 0$，故 $T(n) = $ O(n)

而蛮力法计算 a^n 的值，其时间复杂性为 O(n)。因此，不是所有的分治法都比简单的蛮力法更有效(可以改进为减治法！)，但是，正确使用分治法往往比使用其他算法设计方法的效率更高，事实上，分治法孕育了计算机科学中许多重要且有效的算法。

```
// 蛮力法求 a 的 n 次方
int pow1(int a，int n)
{
    int i;
    int p=1;
    for(i=1；i<=n；i++)// T(n)=O(n)，n 次"*"操作!
        p*=a;
    return p;

}
// 分治法求 a 的 n 次方
```

```
int pow2(int a, int n)
{
    if(n==1)
        return a;
    else
        return pow2(a, n/2)*pow2(a, (n+1)/2);
// T(n)=O(n), n – 1 次"*"操作!
}
```

2.2 最大子段和问题

给定由 n 个整数(可能有负整数)组成的序列 $(a_1, a_2, \cdots, a_n)$，最大子段和问题要求该序列形如 $\sum_{k=i}^{j} a_k$ 的最大值 $(1 \leqslant i \leqslant j \leqslant n)$，当序列中所有整数均为负整数时，其最大子段和为 0。例如，序列 $(-20, 11, -4, 13, -5, -2)$ 的最大子段和为 $\sum_{k=2}^{4} a_k = 20$。

最大子段和问题的分治策略是：

（1）划分：按照平衡子问题的原则，将序列 $(a_1, a_2, \cdots, a_n)$ 划分成长度相同的两个子序列 $(a_1, a_2, \cdots, a_{\lfloor n/2 \rfloor})$ 和 $(a_{\lfloor n/2 \rfloor+1}, \cdots, a_n)$，则会出现以下 3 种情况：

① $a_1, a_2, \cdots, a_n$ 的最大子段和=$a_1, a_2, \cdots, a_{\lfloor n/2 \rfloor}$ 的最大子段和；

② $a_1, a_2, \cdots, a_n$ 的最大子段和=$a_{\lfloor n/2 \rfloor+1}, \cdots, a_n$ 的最大子段和；

③ $a_1, a_2, \cdots, a_n$ 的最大子段和=$\sum_{k=i}^{j} a_k$，且 $1 \leqslant i \leqslant \lfloor n/2 \rfloor$，$\lfloor n/2 \rfloor+1 \leqslant j \leqslant n$。

（2）求解子问题：对于划分阶段的情况①和②可递归求解，情况③需要分别计算 $S_1 = \max \sum_{k=i}^{\lfloor n/2 \rfloor} a_k (1 \leqslant i \leqslant \lfloor n/2 \rfloor)$，$S_2 = \max \sum_{k=\lfloor n/2+1 \rfloor}^{j} a_k (\lfloor n/2 \rfloor+1 \leqslant j \leqslant n)$，则 $S_1 + S_2$ 为情况③的最大子段和。

（3）合并：比较在划分阶段的 3 种情况下的最大子段和，取三者之中的较大者为原问题的解。

分析算法 2.1 的时间性能，对应划分得到的情况①和②，需要分别递归求解，对应情况③，两个并列 for 循环的时间复杂性是 O(n)，所以，存在如下递推式：

$$T(n) = \begin{cases} 1 & n=1 \\ 2T(n/2)+n & n>1 \end{cases}$$

算法 2.1 的时间复杂性为 O($n\log_2 n$)。

```
int MaxSum(int a[]，int left，int right)
{
    int i，j；
    int lefts，rights；
    int s1，s2；
    int sum，center，leftsum，rightsum；
    sum=0；
    if(left==right)
    {
        //如果序列长度为 1，直接求解
        if(a[left]>0)
            sum=a[left]；
        else
            sum=0；
    }
    else
    {
        center=(left+right)/2；//划分
        leftsum=MaxSum(a，left，center)；//对应情况①，递归求解
        rightsum=MaxSum(a，center+1，right)；//对应情况②，递归求解
        s1=0；
        lefts=0；//以下对应情况③，先求解 s1
        for(i=center；i>=left；i--)
        {
            lefts+=a[i]；
            if(lefts>s1)
                s1=lefts；
        }
        s2=0；
        rights=0；//再求解 s2
        for(j=center+1；j<=right；j++)
        {
            rights+=a[j]；
            if(rights>s2)
                s2=rights；
        }
        sum=s1+s2；//计算情况③的最大子段和
```

```
        if(sum<leftsum)
            sum=leftsum; //合并，在 sum、leftsum 和 rightsum 中取较大者
        if(sum<rightsum)
            sum=rightsum;
    }
    return sum;
}
```

2.3　棋盘覆盖问题

在一个 $2^k \times 2^k (k \geq 0)$ 个方格组成的棋盘中，恰有一个方格与其他方格不同，称该方格为特殊方格。显然，特殊方格在棋盘中出现的位置有 4^k 种情形，因而有 4^k 种不同的棋盘，图 2.2（a）所示是 $k=2$ 时 16 种棋盘中的一个。棋盘覆盖问题要求用图 2.2(b)所示的 4 种不同形状的 L 形骨牌覆盖给定棋盘上除特殊方格以外的所有方格，且任何两个 L 形骨牌不得重叠覆盖。

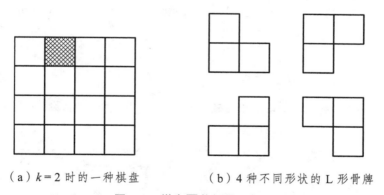

　　（a）$k=2$ 时的一种棋盘　　　　　（b）4 种不同形状的 L 形骨牌

图 2.2　棋盘覆盖问题示例

如何应用分治法求解棋盘覆盖问题呢？分治的技巧在于如何划分棋盘，使划分后的子棋盘的大小相同，并且每个子棋盘均包含一个特殊方格，从而将原问题分解为规模较小的棋盘覆盖问题。$k>0$ 时，可将 $2^k \times 2^k$ 的棋盘划分为 4 个 $2^{k-1} \times 2^{k-1}$ 的子棋盘，如图 2.3(a)所示。这样划分后，由于原棋盘只有一个特殊方格，所以，这 4 个子棋盘中只有一个子棋盘包含该特殊方格，其余 3 个子棋盘中没有特殊方格。为了将这 3 个没有特殊方格的子棋盘转化为特殊棋盘，以便采用递归方法求解，可以用一个 L 形骨牌覆盖这 3 个较小棋盘的会合处，如图 2.3(b)所示，从而将原问题转化为 4 个较小规模的棋盘覆盖问题。递归地使用这种划分策略，直至将棋盘分割为 1×1 的子棋盘。

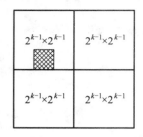

（a）棋盘分割

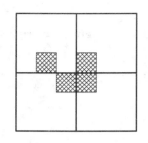

（b）构造相同子问题

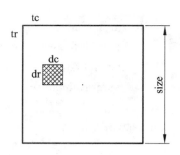

（c）棋盘及特殊方格的表示

图 2.3　棋盘分割示意图

下面讨论棋盘覆盖问题中数据结构的设计。

（1）棋盘：可以用一个二维数组 board[size][size]表示一个棋盘，其中，size=2^k。为了在递归处理的过程中使用同一个棋盘，将数组 board 设为全局变量。

（2）子棋盘：整个棋盘用二维数组 board[size][size]表示，其中的子棋盘由棋盘左上角的下标 tr、tc 和棋盘大小 s 表示。

（3）特殊方格：用 board[dr][dc]表示特殊方格，dr 和 dc 是该特殊方格在二维数组 board 中的下标。

（4）L 形骨牌：一个 $2^k \times 2^k$ 的棋盘中有一个特殊方格，所以，用到 L 形骨牌的个数为(4^k – 1)/3，将所有 L 形骨牌从 1 开始连续编号，用一个全局变量 title 和局部变量 t 表示，层间编号用 title 表示，层内编号用 t 表示。

设 $T(k)$是算法 2.2 覆盖一个 $2^k \times 2^k$ 棋盘所需时间，从算法的划分策略可知，$T(k)$满足如下递推式：

$$T(k) = \begin{cases} \mathrm{O}(1) & k = 0 \\ 4T(k-1) + \mathrm{O}(1) & k > 0 \end{cases}$$

解此递推式可得 $T(k) = \mathrm{O}(4^k)$。由于覆盖一个 $2^k \times 2^k$ 棋盘所需的骨牌个数为(4^k-1)/3，所以，算法 2.2 是一个在渐近意义下的最优算法。

算法 2.2——棋盘覆盖

```
int board[4][4];
int title=1;
void ChessBoard(int tr，int tc，int dr，int dc，int size)
//tr 和 tc 是棋盘左上角的下标，dr 和 dc 是特殊方格的下标
//size 是棋盘的大小，t 已初始化为 0
{
    if(size==1)
        return;//棋盘只有一个方格且是特殊方格
    int t=title++;//L 形骨牌号
    int s=size/2;//划分棋盘
```

```
//覆盖左上角子棋盘
if(dr<tr+s && dc<tc+s)//特殊方格在左上角子棋盘中
    ChessBoard(tr, tc, dr, dc, s); //递归处理子棋盘
else
{//用 t 号 L 形骨牌覆盖右下角，再递归处理子棋盘
    board[tr+s-1][tc+s-1]=t;
    ChessBoard(tr, tc, tr+s-1, tc+s-1, s);
}

//覆盖右上角子棋盘
if(dr<tr+s && dc>=tc+s)//特殊方格在右上角子棋盘中
    ChessBoard(tr, tc+s, dr, dc, s); //递归处理子棋盘
else
{//用 t 号 L 型骨牌覆盖左下角，再递归处理子棋盘
    board[tr+s-1][tc+s]=t;
    ChessBoard(tr, tc+s, tr+s-1, tc+s, s);
}

//覆盖左下角子棋盘
if(dr>=tr+s && dc<tc+s)//特殊方格在左下角子棋盘中
    ChessBoard(tr+s, tc, dr, dc, s); //递归处理子棋盘
else
{//用 t 号 L 型骨牌覆盖右上角，再递归处理子棋盘
    board[tr+s][tc+s-1]=t;
    ChessBoard(tr+s, tc, tr+s, tc+s-1, s);
}

//覆盖右下角子棋盘
if(dr>=tr+s && dc>=tc+s)//特殊方格在右下角子棋盘中
    ChessBoard(tr+s, tc+s, dr, dc, s); //递归处理子棋盘
else
{//用 t 号 L 型骨牌覆盖左上角，再递归处理子棋盘
    board[tr+s][tc+s]=t;
    ChessBoard(tr+s, tc+s, tr+s, tc+s, s);
}
}
int tr=0, tc=0, dr=0, dc=1, size=4;
ChessBoard(tr, tc, dr, dc, size);
```

运行结果：

board[][]:

L 型骨牌的不同形状用编号表示，相同编号组成一种 L 型骨牌。

2.4　输油管道问题

　　某石油公司计划建造一条由东向西的主输油管道。该管道要穿过一个有 n 口油井的油田。从每口油井都要有一条输油管道沿最短路径（或南或北）与主管道相连。

　　如果给定 n 口油井的位置，即它们的 x 坐标（东西向）和 y 坐标（南北向），应如何确定主管道的最优位置，即使各油井到主管道之间的输油管道长度总和最小的位置？

　　给定 n 口油井的位置，编程计算各油井到主管道之间的输油管道最小长度总和。

　　输入：

　　第 1 行是一个整数 n，表示油井的数量（ $1 \leqslant n \leqslant 10\,000$ ）。

接下来 n 行是油井的位置，每行两个整数 x 和 y（ $-10\,000 \leqslant x$，$y \leqslant 10\,000$ ）。

　　输出：

　　各油井到主管道之间的输油管道最小长度总和。

　　输入样例（图 2.4）：

5

1 2

2 2

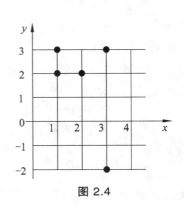

图 2.4

1 3
3 -2
3 3

输出样例：

6

算法分析：

设 n 口油井的位置分别为 $p_i = (x_i, y_i)$，$i = 1 \sim n$。由于主输油管道是东西向的，因此可用其主轴线的 y 坐标唯一确定其位置。主管道的最优位置 y 应该满足：

$$\min \sum_{i=1}^{n} |y - y_i|$$

由中位数定理可知，y 是中位数。

（1）对数组 a 排序（一般是升序），取中间的元素。

```cpp
//pipeline-sort.cpp
#include<iostream>
#include<cmath>
#include<algorithm>
using namespace std;
int main()
{
    int n;  //油井的数量
    int x;  //x 坐标，读取后丢弃
    int a[10];  //y 坐标
    cin>>n;
    for(int k=0; k<n; k++)
        cin>>x>>a[k];
    sort(a,a+n);  //按升序排序，void sort(_RI _F, _RI _L)
    //计算各油井到主管道之间的输油管道最小长度总和
    int min=0;
    for(int i=0; i<n; i++)
        min+=(int)fabs(a[i]-a[n/2]);
    cout<<min<<endl;
    return 0;
}//main
```

```
input.txt
5
1 2
2 2
1 3
3 -2
3 3
```

（2）采用分治策略求中位数。

```cpp
//pipeline-select.cpp
#include <iostream>
#include <cmath>
using namespace std;
#define NUM 10
int a[NUM];
int Partition(int i,int j)
{
    while(j>i)
    {
        while(j>i && a[j]>=a[i])
            j--; //从后往前找小的，此时 a[i]是轴值
        if(j>i)
        {
            //将较小记录交换到前面
            swap(a[j],a[i]); //此时 i 是小的最终位置，故 i 要加 1，同时轴值交换到 j 处
了!
            i++;
        }//if
        while(i<j && a[i]<=a[j])
            i++; //从前往后找大的，此时 a[j]是轴值了
        if(i<j)
        {
            //将较大记录交换到后面
            swap(a[i],a[j]);
            j--;
        }//if
    }//while
    return i; //i 为轴值记录的最终位置
}//Partition
int select(int l,int r,int k)
```

```
{
    if(r>=l)
    {
        int s=Partition(l,r);
        if(k==s)
            return a[s];
        if(k<s)
            return select(l,s-1,k);
        else
            return select(s+1,r,k);
    }//if
    return -1;
}//select
int main()
{
    int n;
    int x;
    int y;
    cin>>n;
    for(int i=0; i<n; i++)
        cin>>x>>a[i];
    y=select(0,n-1,n/2);    //采用分治算法计算中位数
    int min=0;
    for(i=0; i<n; i++)
        min+=(int)fabs(a[i]-y);
    cout<<min<<endl;
    return 0;
}//main
```

算法 select()采用的是快速排序的思想，所以算法时间复杂性为 O($n\log_2 n$)。

2.5　凸包问题

用分治法解决凸包问题的方法和快速排序类似，这个方法也称为快包。

设 $p_1=(x_1, y_1)$，$p_2=(x_2, y_2)$，…，$p_n=(x_n, y_n)$是平面上 n 个点构成的集合 S，并且这些点按照 x 轴坐标升序排列。

几何学中有这样一个明显的事实:最左边的点 p_1 和最右边的点 p_n 一定是该集合的凸包顶点(即极点),如图 2.5 所示。

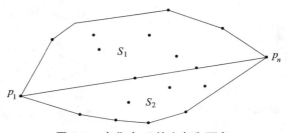

图 2.5   点集合 S 的上包和下包

设 p_1p_n 是从 p_1 到 p_n 的直线,这条直线把集合 S 分成两个子集:S_1 是位于直线左侧和直线上的点构成的集合,S_2 是位于直线右侧和直线上的点构成的集合(设 p_1p_2 是从 p_1 到 p_2 的直线,如果 $p_1p_2p_3$ 构成一个逆时针的回路,则称点 p_3 位于直线 p_1p_2 的左侧,如构成顺时针的回路,则称点 p_3 位于直线 p_1p_2 的右侧)。S_1 的凸包由下列线段构成:以 p_1 和 p_n 为端点的线段构成的下边界,以及由多条线段构成的上边界,这条上边界称为上包。类似地,S_2 中的多条线段构成的下边界称为下包。整个集合 S 的凸包是由上包和下包构成的。

快包的思想是:首先找到 S_1 中的顶点 p_{max},它是距离直线 p_1p_n 最远的顶点,则三角形 $p_{max}p_1p_n$ 的面积最大,如图 2.6 所示。

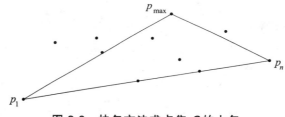

图 2.6   快包方法求点集 S 的上包

S_1 中所有在直线 $p_{max}p_1$ 左侧的点构成集合 $S_{1.1}$,S_1 中所有在直线 $p_{max}p_n$ 右侧的点构成集合 $S_{1.2}$,包含在三角形 $p_{max}p_1p_n$ 之中的点可以不考虑了。递归地继续构造集合 $S_{1.1}$ 的上包和集合 $S_{1.2}$ 的上包,然后将求解过程中得到的所有最远距离的点连接起来,就可以得到集合 S_1 的上包。同理,可求得集合 S_1 的下包。

接下来的问题是如何判断一个点是否在给定直线的左侧(或右侧)几何学中有这样一个定理:如果 $p_1=(x_1,y_1)$,$p_2=(x_2,y_2)$,$p_3=(x_3,y_3)$ 是平面上的任意 3 个点,则三角形 $p_1p_2p_3$ 的面积等于下面行列式的绝对值的一半:

$$\begin{vmatrix} x_1 & y_1 & 1 \\ x_2 & y_2 & 1 \\ x_3 & y_3 & 1 \end{vmatrix} = x_1y_2 + x_2y_3 + x_3y_1 - y_1x_2 - y_2x_3 - y_3x_1$$

当且仅当点 $p_3=(x_3,y_3)$ 位于直线 p_1p_2 的左侧时,该式的符号为正。应用这个定理,可以在一个常数时间内检查一个点是否位于两个点确定的直线的左侧,并且可以求得这个点到该直线的距离。

快包的效率与快速排序的效率相同，平均情况下是 $O(n\log_2 n)$，最坏情况下是 $O(n^2)$。

实验 2——最近对问题

1．实验题目

设 $p_1=(x_1，y_1)$，$p_2=(x_2，y_2)$，…，$p_n=(x_n，y_n)$是平面上 n 个点构成的集合 S，设计算法找出集合 S 中距离最近的点对。

2．实验目的

（1）进一步掌握递归算法的设计思想以及递归程序的调试技术；
（2）理解这样一个观点：分治与递归经常同时应用在算法设计之中。

3．实验要求

（1）分别用**蛮力法**和分治法求解最近对问题；
（2）分析算法的时间性能，设计实验程序验证分析结论。

4．实现提示

下面给出基于分治法求解最近对问题的算法。

算法 2.3——最近对问题

```
int ClosestPoints(S)//S 为平面上 n 个点的坐标组成的集合
{
1. if(n<2) return ∞；
2. m=S 中各点 x 坐标的中位数；
3. 构造 S₁ 和 S₂，使得 S₁ 中点的 x 坐标小于 m，S₂ 中点的 x 坐标大于 m；
4. d₁=ClosestPoints(S₁)；d₂=ClosestPoints(S₂)；
5. d=min(d₁，d₂)；
6. 构造 P₁ 和 P₂，使得 P₁ 是 S₁ 中点的 x 坐标与 m 的距离小于 d 的点集，P₂ 是 S₂ 中点的 x 坐标与 m 的距离小于 d 的点集；
7. 将 P₁ 和 P₂ 中的点按 y 坐标升序排列；
8. 对 P₁ 中的每一个点 p，在 P₂ 中查找与点 p 的 y 坐标小于 d 的点，并求出其中的最小距离 d'；
9. return min(d，d')；
}
```

阅读材料2——分治法在中值滤波快速算法中的应用研究

设计并实现了一种基于分治法的中值滤波快速算法。本算法对邻域内所有像素值以行为单位进行分块，每块排序后求出其中值，然后再对得到的所有块的中值进行排序，再一次求中值，而不是把邻域内所有像素值作为整体进行排序。大量实验结果表明，与经典中值滤波算法相比，现在提出的算法大大减少了数据扫描与比较的次数，尤其在大窗口情况下非常有效，在保证整体数据质量的前提下大幅度提高了计算速度。

图像在生成、传输、变换等一系列过程中不可避免地会受到各种噪声污染，导致图像质量不同程度的退化。目前常用的噪声滤除方法主要有线性滤波和非线性滤波两种方法。由于其低通特性，线性滤波方法往往会导致图像的边缘变模糊，不能取得很好的复原效果。中值滤波是一种较少图像模糊的非线性滤波方法，不仅能够去除或减少随机噪声和脉冲干扰，而且能很大程度地保留图像的边缘信息，近年来在图像预处理等领域中得到广泛的应用。但经典中值滤波方法计算量大、速度慢，无法满足实时性要求。为此，本文在中值滤波算法中引入分治法思想，设计并实现了一种新的基于分治法的中值滤波快速算法。实验表明该算法可以在不影响图像质量的前提下，大大提高滤波速度，尤其适合大窗口滤波，有很大的实际意义。

1. 分治法原理

分治法原理：对于一个规模为 n 的问题，若该问题可以容易地解决(如规模 n 较小)则直接解决；否则将其分解为 k 个规模较小的问题并逐个解决，最后合并各个子问题的解，得到原问题的解。分治法在每一层上由三个步骤组成：

① 划分(divide)：将原问题分解为若干个规模较小、相互独立、与原问题形式相同的子问题；

② 解决(conquer)：若子问题规模较小，则直接求解，否则进一步划分；

③ 合并(combine)：将各个子问题的解合并为原问题的解。

2. 基于分治法的中值滤波快速算法

设有二维数据

$$A = \begin{bmatrix} a_{11} & a_{12} & \cdots & a_{1n} \\ a_{21} & a_{22} & \cdots & a_{2n} \\ \vdots & \vdots & & \vdots \\ a_{n1} & a_{n2} & \cdots & a_{nn} \end{bmatrix}, \quad n\%2 = 1$$

在算法中，对每行数据即 $a[i]$，$i=1,2,\cdots,n$ 进行排序，排序后每行中间位置即 $a[i][n/2]$，$i=1,2,n$ 存放的都是该行的中值；然后再对所有行的中间列组成的数据进行排序，排序后位置 $a[n/2][n/2]$ 存放的即整个二维数据的中值(或中值逼近值)。

基于分治法的中值滤波算法描述如下：

① 如果图像 f 中还有像素未处理，则执行步骤④～⑤，否则跳至步骤⑥；

② 将以下一个未处理的像素 $f(x,y)$ 为中心且半径为 radius 的邻域内像素值读至二维数组 $I_{N\times N}$；

③ 对 $I_{N\times N}$ 中每行排序得到 $I'_{N\times N}$；

④ 对数组 $I'_{N\times N}$ 所有行的中间元素(即 $I'[i][radius]$，$i=0$，1，2，$\cdots$，$2\times radius$)排序；

⑤ 生成结果图像 f 中对应位置上的像素值，使得 $f(x,y)=I'[radius][radius]$，跳至步骤①；

⑥ 保存或显示结果图像；

⑦ 退出。

步骤③④是本算法的核心，把所有像素值以行为单位分块处理，减少了数据比较和移动的次数，提高了运算速度。

3. 实验结果及结论

实验中，分别采用了随机数据(点值范围为[0，255])和标准图像库中 lena、peppers 等图像对经典中值滤波算法和本文提出的快速算法进行了比较。在滤波半径 radius<3 时，本文算法并无太大优势，但随着滤波半径增大，其速度优势越来越明显，且保持了较高的准确率。使用超大尺寸窗口数据对两种方法进行了测试，部分实验结果如表 2.1(表 2.1 中经典代表经典中值滤波算法，分治代表本文提出的基于分治法的中值滤波快速算法)。

表 2.1　两种算法对大量数据处理结果对比

滤波半径	所用算法	实验次数(次)	数据平均交换次数	平均时间(s)	准确率
50	经典	500	25 935 657.2	2.126 8	100%
9	分治	500	257 023.3	0.026	99.8%
70	经典	300	129 789 731.9	11.124 9	100%
9	分治	300	857 311.4	0.065 2	99.5%
125	经典	80	988 615 465.8	89.592 4	100%
9	分治	80	3 928 519.6	0.326 6	99.7%

对 lena 图像加入 0.05 的椒盐噪声，并使用经典中值滤波算法和本文算法分别进行滤波。通过对不同类型的数据进行实验，可以发现本文提出的基于分治法的中值滤波算法运行稳定，能够在保证数据不失真的前提下大幅度减少数据比较、移动的次数，从而提高图像处理速度，尤其适合大窗口中值滤波。

习题 2

1. 设计分治算法求一个数组中最大元素的位置，建立该算法的递推式并求解。

解答：

```
int LocateMax(int a[], int left, int right)
{
    if(left==right)
        return left;
    int mid=(left+right)/2;
```

```
    int i=LocateMax(a，left，mid);
    int j=LocateMax(a，mid+1，right);
    if(a[i]>a[j])
        return i;
    else
        return j;
}//LocateMax
```

分治法：

$$T(n)=\begin{cases} 1 & n=1 \\ 2T(n/2)+1 & n>1 \end{cases}$$

$$T(n)=O(n)$$

求解过程：

$\{-20，11，-4，13，-5，-2\}$

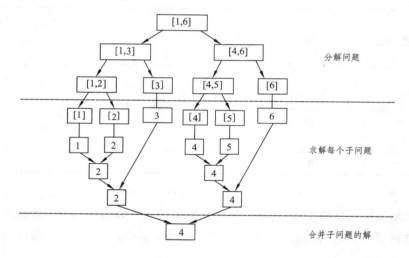

分治法：

$-20<11$

$11>-4$

$13>-5$

$13>-2$

$11<13$

共比较了 5 次！$6-1=5$，$n-1=O(n)$

```
int LocateMax(int a[]，int n)
{
    int i=1;
    for(int j=2；j<=n；j++)
    {
```

```
        if(a[j]>a[i])
                i=j;
    }
    return i;
}//LocateMax
```

蛮力法：

－20<11

11>－4

11<13

13>－5

13>－2

共比较了 5 次！

蛮力法：$T(n)=O(n)$

排序：$T(n)=O(n\log_2 n)$

线性选择：$T(n)=O(n)$?

堆：$T(n)=O(\log_2 n)$?

2. 对于待排序列(5，3，1，9，8，2，4，7)，画出快速排序的递归运行轨迹。

解答：

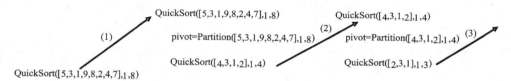

3. 设计递归算法生成 n 个元素的所有排列对象。

```
template <class Type>
void Perm(Type list[]，int k，int m)
{   //产生的所有排列
    if(k==m)
    {
        //只剩下 1 个元素
        for(int i=0；i<=m；i++)
            cout<<list[i]；
        cout<<endl;
    }//if
    else//还有多个元素待排列，递归产生排列
    {
        for(int i=k；i<=m；i++)
```

```
        {
            Swap(list[k], list[i]);
            Perm(list, k+1, m);
            Swap(list[k], list[i]);
        }//for
    }//else
}//Perm
```

4. 设计递归算法求多项式 $A(x)=a_nx^n+a_{n-1}x^{n-1}+\cdots+a_1x+a_0$ 的值，建立该算法的递推式并求解。（提示：将 $A(x)=a_nx^n+a_{n-1}x^{n-1}+\cdots+a_1x+a_0$ 转化为 $A(x)=(\cdots(a_nx+a_{n-1})x+\cdots+a_1)x+a_0$ ）

$$A(x)=(a_nx^{n-1}+a_{n-1}x^{n-2}+\cdots+a_1)x+a_0$$

$$A_n(x)=a_0x^n+a_1x^{n-1}+\cdots+a_{n-1}x+a_n$$

$$=(a_0x^{n-1}+a_1x^{n-2}+\cdots+a_{n-2}x+a_{n-1})x+a_n$$

$$=A_{n-1}(x)x+a_n$$

$$A_0(x)=a_0$$

答：
```
double A(double x, int n, double a[])
{
    if(n==0)
        return a[0];
    else
        return a[n]+A(x, n-1, a)*x;
}
```

5. 分治法的时间性能与直接计算最小问题的时间、合并子问题解的时间以及子问题的个数有关，试说明这几个参数与分治法时间复杂性之间的关系。

答：

$$T(n)=\begin{cases} c & n=1 \\ aT(n/b)+cn^k & n>1 \end{cases}$$

其中 a、b、c、k 都是常数。这个递推式描述了大小为 n 的原问题分成若干个大小为 n/b 的子问题，其中 a 个子问题需要求解，而 cn^k 是合并各个子问题的解需要的工作量。

6. 证明：如果分治法的合并可以在线性时间内完成，则当子问题的规模之和小于原问题的规模时，算法的时间复杂性可达到 $O(n)$。

证明：

分治法的合并可以在线性时间内完成，即 $k=1$，

子问题的规模之和小于原问题的规模，即 $a(n/b)<n$

于是有：$a<b^k$

根据主定理， 算法的时间复杂性可达到：

$$T(n)=O(n^k)=O(n)$$

证毕。

---

7. 设计算法将平面上的点集 S 分割为点的个数大致相同的两个子集 S_1 和 S_2。

答：

```
int Partition(point S[], int first, int end)
{
    int i=first;
    int j=end; //初始化
    while(i<j)
    {
        while(i<j && S[i].x<=S[j].x)
            j--; //右侧扫描
        if(i<j)
        {
            //将较小记录交换到前面
            swap(S[i], S[j]);
            i++;
        }//if
        while(i<j && S[i].x<=S[j].x)
            i++; //左侧扫描
        if(i<j)
        {
            //将较大记录交换到后面
            swap(S[i], S[j]);
            j--;
        }//if
    }//while
    return i; //i 为轴值记录的最终位置
}//Partition
void Split(point S[], int i, int j, int k)
{
    if(j>=i)
```

```
    {
        int s=Partition(S, i, j);
        if(k<s)
            Split(S, i, s-1, k);
        else if(k>s)
            Split(S, s+1, j, k);
    }//if
}//Split
```

8. 在有序序列$(r_1, r_2, \cdots, r_n)$中，存在序号 $i(1 \leqslant i \leqslant n)$，使得 $r_i=i$。请设计一个分治算法找到这个元素，要求算法在最坏情况下的时间性能为 $O(\log_2 n)$。

```
答：
int SEARCH(int T[], int low, int high)
{
    if(high>=low)
    {
        int i=(low+high)/2;
        if(T[i]==i)
            return i;
        if(T[i]>i)
            SEARCH(T, low, i-1);
        else
            SEARCH(T, i+1, high);
    }//if
    else
        return 0;
}//SEARCH
```

9. 设计一个有效算法，对于一个给定的数组循环左移 i 位，要求时间复杂性为 $O(n)$，空间复杂性为 $O(1)$。例如对 abcdefgh 循环左移 3 位得到 defghabc。

设 $a[0:k-1]$ 为 U，$a[k:n-1]$ 为 V，换位算法要求将 UV 变换为 VU。3 次反转算法先将 U 反转为 U^{-1}，再将 V 反转为 V^{-1}，最后将 $U^{-1}V^{-1}$ 反转为 VU。3 次反转算法用了 $\lfloor k/2 \rfloor + \lfloor (n-k)/2 \rfloor + \lfloor n/2 \rfloor \leqslant n$ 次数组单元交换运算。每个数组单元交换运算需要 3 次元素移动。因此在最坏情况下，3 次反转算法用了 $3n$ 次元素移动。算法只用到 $O(1)$ 的辅助空间。

```
#include <iostream>
using namespace std;
template <class T>
```

```
void reverse(T a[], int i, int j)
{
    while(i<j)
    {
        swap(a[i], a[j]);
        i++;
        j--;
    }
}
template <class T>
void exch1(T a[], int n, int k)
{
    reverse(a, 0, k-1);
    reverse(a, k, n-1);
    reverse(a, 0, n-1);
}
void main()
{
    char a[]="abcdefgh";
    int n=8;
    int i=3;
    exch1(a, n, i);
}
```

10. 在一个序列中出现次数最多的元素称为众数。请设计算法寻找众数并分析算法的时间复杂性。

```
答:
#include <iostream>
#include <map>
using namespace std;
int main()
{
    int n, z;
    map<int, int> m;
    map<int, int>:: iterator p, q;
    cin>>n;
    for(int i=1; i<=n; i++)
    {
        cin>>z;
        m[z]++;
```

```
        }
        for(p=q=m.begin(); p!=m.end(); p++)
        {
            if(q->second<p->second)
                q=p;
        }
        cout<<q->first<<endl<<q->second<<endl;
        return 0;
}
```

11. 设 M 是一个 $n \times n$ 的整数矩阵，其中每一行(从左到右)和每一列(从上到下)的元素都按升序排列。设计分治算法确定一个给定的整数 x 是否在 M 中，并分析算法的时间复杂性。

```
    答：
#include <iostream>
using namespace std;
const int n=4;
int x;
int M[4][4]=
{
    1, 2, 3, 4,
    5, 6, 7, 8,
    9, 10, 11, 12,
    13, 14, 15, 16
};
bool exist(int r, int c, int s)
{
    if(s==1)
    {
        if(M[r][c]==x)
            return true;
        return false;
    }
    s=s/2;
    if(exist(r, c, s))
        return true;
    if(exist(r, c+s, s))
        return true;
    if(exist(r+s, c, s))
        return true;
    if(exist(r+s, c+s, s))
        return true;
    return false;
}
void main()
```

```
{
    for(x=1; x<=20; x++)
        cout<<exist(0, 0, 4)<<endl;
}
```

12. 格雷码(Gray code)是一个长度为 $2n$ 的序列，序列中无相同元素，且每个元素都是长度为 n 的二进制位串，相邻元素恰好只有 1 位不同。例如长度为 23 的格雷码为(000，001，011，010，110，111，101，100)。设计分治算法对任意的 n 值构造相应的格雷码。

答：
```
int a[16];
void gray(int n)
{
    if(n==1)
    {
        a[1]=0;
        a[2]=1;
        return;
    }
    gray(n-1);
    for(int k=1<<(n-1), i=k; i>0; i--)
        a[2*k-i+1]=a[i]+k;
}
void out(int n)
{
    char str[32];
    int m=1<<n;
    for(int i=1; i<=m; i++)
    {
        _itoa(a[i], str, 2);
        int s=strlen(str);
        for(int j=0; j<n-s; j++)
            cout<<"0";
        cout<<str<<" ";
    }
    cout<<endl;
}

gray(3);
out(3);
```

```
000 001 011 010 110 111 101 100
Press any key to continue_
```

第 3 章　动态规划

在现实生活中，有一类活动的过程，由于它的特殊性，可将过程分成若干个互相联系的阶段，在它的每一阶段都需要做出决策，从而使整个过程达到最好的活动效果。因此各个阶段决策的选取不能任意确定，它依赖于当前面临的状态，又影响以后的发展。当各个阶段决策确定后，就组成一个决策序列，因而也就确定了整个过程的一条活动路线。这种把一个问题看作是一个前后关联具有链状结构的多阶段过程（图 3.1）就称为**多阶段决策**过程，这种问题称为**多阶段决策问题**。

图 3.1　多阶段决策过程

在多阶段决策问题中，各个阶段采取的决策，一般来说是与时间有关的，决策依赖于当前状态，又随即引起状态的转移，一个决策序列就是在变化的状态中产生出来的，故有"动态"的含义，我们称这种解决多阶段决策最优化的过程为**动态规划方法**。

应指出，动态规划是考察求解多阶段决策问题的一种途径、一种方法，而不是一种特殊算法。不像**线性规划**那样，具有一个标准的数学表达式和明确定义的一组规划。因此，读者在学习时，除了对基本概念和方法要正确理解外，还要做到具体问题具体分析，以丰富的想象力去建立模型，用创造性的技巧去求解。

3.1　动态规划问题的数学描述

首先，举一个典型的且很直观的多阶段决策问题：

例 3.1　图 3.2 给出一个线路网络，两点之间连线上的数字表示两点间的距离(或费用)，试求一条由 A 到 G 的铺管线路，使总距离(或总费用)最小。

由图 3.2 可知，从 A 到 G 可分为 6 个阶段，除起点 A 和终点 G 外，其他各点既是上一阶段的终点又是下一阶段的起点。例如从 A 到 B 的第一阶段中，A 为起点，终点有 B_1 和 B_2 两个，因而这时走的路线有两个选择，一是走到 B_1；一是走到 B_2；若选择 B_2 的决策，B_2 就是第一阶段在我们决策之下的结果，它既是第一阶段路线的终点，又是第二阶段路线的始点。在第二阶段，再从 B_2 点出发，对于 B_2 点就有一个可供选择的终点集合 $\{C_2, C_3, C_4\}$(注意：对于 B_1 有 $\{C_1, C_2, C_3\}$)；若选择由 B_2 走至 C_2 为第二阶段的决策，则 C_2 就是第二阶段的终点，同时又是第三阶段的始点。同理递推下去，可看到各个阶段的决策不同，铺管线路就不同。很明显，当某阶段的起点给定时，它直接影响着后面各阶段的行进路线和整个路线的长短，而后面各阶段的路线的发展不受这点以前各阶段的影响（于是，就可以引入等效路线的概念来化简网络）。故此问题的要求是：

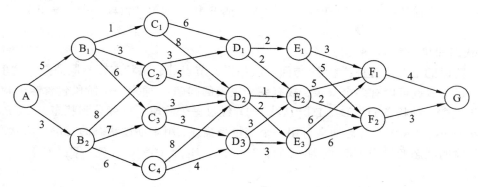

图 3.2　线路网络 1

在各个阶段选取一个恰当的决策，使由这些决策组成的一个决策序列所决定的一条路线，其总路程最短。

如何解决这个问题呢？可以采用穷举法，把所有由 A 到 G 可能的每一条路线的距离算出来，然后互相比较，找出最短者，相应地得出了最短路线。这样由 A 到 G 的 6 个阶段中共有 $1 \times 2 \times 3 \times 2 \times 2 \times 2 \times 1 = 36$ 条不同路线（通过引入冗余节点，将相交子集转换为不相交子集，从而将图转换成树，以便计数，第一层有 1 个节点，每个节点有 2 个孩子，故第二层有 1×2 个节点；第二层有 1×2 个节点，每个节点有 3 个孩子，故第三层有 $1 \times 2 \times 3$ 个节点，…，如图 3.3 所示，为了方便，这里只给出部分转换结果），从中找出最短路线为 A $\rightarrow B_1 \rightarrow C_2 \rightarrow D_1 \rightarrow E_2 \rightarrow F_2 \rightarrow G$，最短距离为 18。显然这样作计算是相当复杂的。动态规划为此类多阶段决策问题寻求了一种简便的方法。为了便于讨论，我们先引入动态规划问题的一些概念、术语和符号。

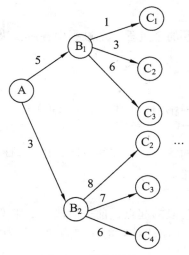

图 3.3　线路网络 2

1. 决策和阶段

在对问题的处理中作出某种选择性的行动就是**决策**。例如在 A 点需选择下一步到 B_1 还是到 B_2，这就是一次决策。一个实际问题可能要有多次决策或多个决策点，为此对整个问题，可按其特点划分成需要作出选择的若干轮次，这些轮次就称为**阶段**。如图 3.2 中，从 A 到 G 点可以分为 6 个阶段，从 A 到 B 为第一阶段，从 B 到 C 为第二阶段，…，从 F 到 G 为第六阶段。

2. 状态和状态变量

某一阶段的出发位置称为**状态**(与回溯法一样，节点都表示状态，不同的是，这里是图，不是树，每个节点可以有多个双亲，故有一个决策的问题)。通常一个阶段包含若干状态。例如阶段 4 包含三种状态 D_1，D_2，D_3。从状态 D_1 经过一个阶段后可能达到状态 E_1 或 E_2，但不能达到状态 E_3。一般地，状态通常可用一个变量来描述，用来描述状态的变量称为**状态变量**，记第 k 阶段的状态变量为 U_k。例 U_1={A}，U_2={B_1，B_2}，U_3={C_1，C_2，C_3，C_4}，U_4={D_1，D_2，D_3}。

3. 决策变量和允许决策集合

在每一个阶段中都需有一次决策，决策也可以用一个变量来描述，称这种变量为**决策变量**，一般用 X_k 表示第 k 阶段的决策变量。在实际问题中，决策变量的取值往往限制在某一个范围之内，此范围称为**允许决策集合**，用 D_k 表示第 k 阶段的允许决策集合。例如，图 3.2 中 D_1={B_1,B_2}(为什不是{5,3}呢？一方面，5，3 是权，另一方面，权有相等的情况，无法分辨，另外，这和搜索树中的状态含义上又有差别)，它表示第一阶段可有两种不同的决策。

当第 k 阶段的状态确定之后，可能作出的决策范围还要受到这一状态的影响(比如，第二阶段有两个状态，一个是 B_1，另一个是 B_2，对于 B_1，可能作出的决策范围是{C_1，C_2，C_3}，对于 B_2，可能作出的决策范围是{C_2，C_3，C_4})，这就是说，决策变量 X_k 还是状态变量 U_k 的函数，记为 $X_k(U_k)$，简记为 X_k。把 X_k 的取值范围记为 $D_k(U_k)$，显然有 $X_k(U_k) \in D_k(U_k)$。

例如在图 3.2 的第二阶段中，若从状态 B_1 出发，就可作出三种不同的决策，其允许决策集合 $D_2(B_1)$={C_1,C_2,C_3}。若选取的点为 C_2，则 C_2 是状态 B_1 在决策 $X_2(B_1)$ 作用下的一个新的状态，记作 $X_2(B_1)$=C_2。

4. 策略和最优策略

所有阶段依次排列构成问题的全过程。全过程中各阶段决策变量 $X_k(U_k)$ 所组成的有序总体称为**策略**。

例如图 3.2 中：

$$X_1(A)=B_1 \qquad X_2(B_1) \qquad X_3(C_1) \qquad X_4(D_1) \qquad X_5(E_2) \qquad X_6(F_2)$$
$$A\text{------}\to B_1\text{------}\to C_2\text{------}\to D_1\text{------}\to E_2\text{------}\to F_2\text{------}\to G$$

在实际问题中，可供选择的策略有一定的范围，该范围称为**允许策略集合** P。从 P 中找出最优效果的策略称为**最优策略**。

5. 状态转移方程

前一阶段的终点就是后一阶段的起点，前一阶段的决策变量就是后一阶段的状态变量，这种关系描述了由 k 阶段到 $k+1$ 阶段状态的演变规律，称为**状态转移方程**。例如[例 1]的状态转移方程为 $U_{k+1}=X_k(U_k)$

6. 目标函数和最优化概念

目标函数是用来衡量多阶段决策过程优劣的一种数量指标。显然，它应该在全过程和所有子过程中有定义，并且可量度。在[例 1]中每阶段所走的距离 $d_k(U_k,X_k)(k=1，2，\cdots，6)$ 作为目标函数，而我们的目标是

$$Z = \min \sum_{k=1}^{6} d_k(U_k, X_k)$$

一般可写成

$$Z = \mathop{\text{opt}}_{X_1, X_2, \cdots, X_n} [r_1(U_1, X_1) + r_2(U_2, X_2) + \ldots + r_n(U_n, X_n)]$$

其中：

opt：最优化。optimization 的缩写，可取为 min 或 max；

+：'也可以是'*'；

$r_k(U_k,X_k)$：第 k 阶段的目标函数。

动态规划的最优化概念是在一定条件下，找到一种途径，在对各阶段的效益经过按问题具体性质所确定的运算以后，使得全过程的总效益达到最优。

3.2 动态规划问题的最优化原理

为了帮助大家理解动态规划的基本思想，先说最短路线的一个重要特性：

如果从 A→B→C→D 是 A 至 D 的最短路线，那么从 B 到 D 的最短路线必是 B→C→D。更一般地说：

如果最短路线在第 k 阶段通过 P_k，则由点 P_k 出发到达终点的这条路线对于从 P_k 出发到达终点的所有可能选择的不同路线来说，必定也是最短路线。

这就引出了从终点逐段向始点方向寻找最短路线的一种方法：

若以 U_k 表示第 k 阶段的一个决策点，从终点开始，依逆向求出倒数第一阶段，倒数第二阶段，$\cdots$，倒数第 $n-1$ 阶段中各点到达终点的最短子路线，最终求出从起点到终点的最短路线。这就是动态规划的基本思想。

下面，我们按照动态规划的方法将[例 1]从最后一段开始计算，由后向前逐步倒推至 A 点。

设 $f_k(U_k)$ 表示从第 k 阶段中的点 U_k 到达终点的最短子路线的长度，其等效表示为：

$d_k(U_k,X_k)$：k 阶段中 U_k 至 X_k 的距离，直观表示为：

当 $k=6$ 时，$f_6(F_1)=4$，$f_6(F_2)=3$；

不考虑阶段，用数组表示为：$f[F_1]=4, f[F_2]=3$。

当 $k=5$ 时：

$$f_5(E_1) = \min \begin{bmatrix} d_5(E_1,F_1) + f_6(F_1) \\ d_6(E_1,F_2) + f_6(F_2) \end{bmatrix} = \min \begin{bmatrix} 3+4 \\ 5+3 \end{bmatrix} = 7$$

不考虑阶段，用数组表示为：

$$f[E_1] = \min \begin{bmatrix} d[E_1,F_1] + f[F_1] \\ d[E_1,F_2] + f[F_2] \end{bmatrix} = \min \begin{bmatrix} 3+4 \\ 5+3 \end{bmatrix} = 7$$

其相应的决策为 $X_5(E_1)=F_1$，这说明 E_1 到 G 的最短距离为 7，最短路线是 $E_1 \rightarrow F_1 \rightarrow G$

……

且 $X_1(A)=B_1$，于是得到从起点到终点 G 的最短距离为 18。

为了找出最短路线，再按计算的顺序反推之，可求出最优决策函数序列 $\{X_k\}$，即由 $X_1(A)=B_1, X_2(B_1)=C_2, X_3(C_3)=D_1, X_4(D_1)=E_2, X_5(E_3)=F_2, X_6(F_2)=G$ 组成一个最优策略，因此找出相应的最短路线为 $A \rightarrow B_1 \rightarrow C_2 \rightarrow D_1 \rightarrow E_2 \rightarrow F_2 \rightarrow G$。

从上面的计算过程中，我们可以看出，在求解的各个阶段，我们利用了 k 阶段与 $k+1$ 阶段之间的如下关系：

$$f_k(U_K) = \min_{x_k}\{d_k(U_K,x_K) + f_{k+1}(x_K)\}$$
$$k = 6,5,4,3,2,1$$
$$f_7(U_7) = 0$$

这种递推关系，叫做**动态规划函数**。

动态规划的最优化原理是："作为整个过程的最优策略具有这样的性质：无论过去的状态和决策如何，对前面的决策所形成的状态而言，余下的诸决策必须构成最优策略。"

与穷举法相比，动态规划的方法有两个明显的优点：

（1）大大减少了计算量；对于相同的子问题只计算一次，为了减少计算量，需要用一个表格，即数组来保存其结果；重复的子问题的求解就通过查表获取结果。

（2）丰富了计算结果。从[例 1]的求解结果中我们得到了不仅仅是由 A 点出发到终点 G 的最短路线及最短距离，而且还得到了从所有各中间点到终点的最短路线及最短距离，这对许多实际问题来讲是很有用的。

下面，我们给出[例 1]的程序题解。为了方便，我们对状态进行编码，其编码方案为：

状态	A	B_1	B_2	C_1	C_2	C_3	C_4	D_1	D_2	D_3	E_1	E_2	E_3	F_1	F_2	G
编码	0	1	2	3	4	5	6	7	8	9	10	11	12	13	14	15

实现时，用枚举类型进行定义：

enum {A,B1,B2,C1,C2,C3,C4,D1,D2,D3,E1,E2,E3,F1,F2,G}；

如图 3.4 所示。

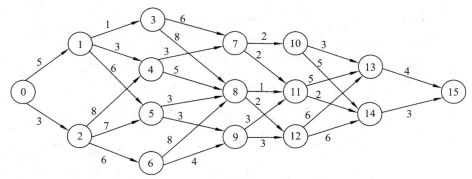

图 3.4　线路网络变换 3

存储结构采用邻接表：

表节点结构 ArcNode：

adjvex	w	next

弧节点结构 e：

v1	v2	w

邻接表结构 adjList[16]：

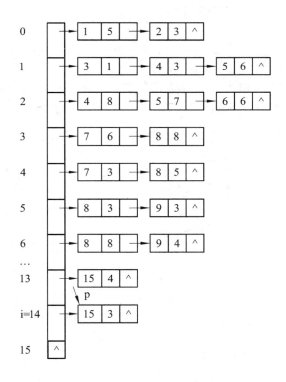

其中：

$f[i]$ 表示从第 k 阶段中的点 i 到达终点 15 的最短子路线的长度；

d_{ij} 表示 k 阶段中 i 至 j 的距离，即权，且 $f[i]=\min\{d_{ij}+f[j]\}$；

$x[i]$ 表示从顶点 i 到终点 15 的路径上顶点 i 的下一个顶点，即第 k 阶段的决策变量；

$x[i]$=使 $d_{ij}+f[j]$ 最小的 j；

$X[i]$表示决策序列集。

对多段图的边 (u, v)，用 $d(u,v)$ 表示边上的权值，将从源点 s 到终点 t 的最短路径记为 $f(s,t)$，则从源点 0 到终点 15 的最短路径 $f(0,15)$ 由下式确定：

$$f(0, 15)=\min\{\ d(0,1)+f(1, 15),\ d(0,2)+f(2, 15)\ \}$$

这是最后一个阶段的决策，它依赖于 f(1, 15) 和 f(2, 15) 的计算结果，而

$$f(1, 15)=\min\{\ d(1,3)+f(3, 15),\ d(1,4)+f(4, 15),\ d(1,5)+f(5, 15)\}$$

$$f(2, 15)=\min\{\ d(2,4)+f(4, 15),\ d(2,5)+f(5, 15),\ d(2,6)+f(6, 15)\}$$

这一阶段的决策又依赖于 $f(3, 15)$、$f(4, 15)$、$f(5, 15)$ 和 $f(6, 15)$ 的计算结果，直观表示见图 3.5。

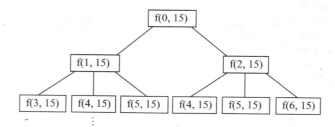

图 3.5

而 $f(14,15)$ 和 $f(13,15)$ 可以直接获得(括号中给出了决策产生的状态转移)：

$f(14,15)=d(14,15) = 3\quad (x[14]=15)$

$f(13,15)=d(13,15) = 4\quad (x[13]=15)$

再向前推导，有：

$f(10, 15)=\min\{\ d(10,13)+f(13, 15),\ d(10,14)+f(14, 15)\ \}= \min\{\ 3+4,\ 5+3\ \}=7(x[10]=13)$

对于图 3.6（a）所示的线路网络，其等效线路网络为图 3.6（b）。

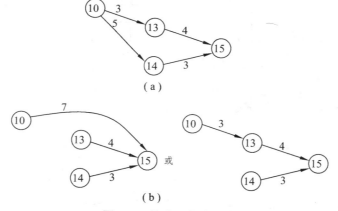

图 3.6　线路网络变换 3

相应的数据结构的变化如下：

	f[16]:(前)	f[16]:(后)	x[16]:(前)	x[16]:(后)	X[16]:(前)	X[16]:(后)
0	∞	18	−1	1	0	0
1	∞	13	−1	4	0	1
2	∞	18	−1	6	0	4
3	∞	13	−1	7	0	7
4	∞	10	−1	7	0	11
5	∞	11	−1	9	0	14
…	∞		−1		0	15
13	∞	4	−1	15	0	0
14	∞	3	−1	15	0	0
15	0	0	−1	-1	0	0

```cpp
#include <iostream>
using namespace std;
typedef struct ArcNode
{
    int adjvex,w;
    struct ArcNode *next;
}ArcNode;   //表节点
struct e
{
    int v1,v2,w;
};  //边类型
e a[]={{0,1,5},{0,2,3},
    {1,3,1},{1,4,3},{1,5,6},
    {2,4,8},{2,5,7},{2,6,6},
    {3,7,6},{3,8,8},
    {4,7,3},{4,8,5},
    {5,8,3},{5,9,3},
    {6,8,8},{6,9,4},
    {7,10,2},{7,11,2},
    {8,10,1},{8,12,2},
    {9,11,3},{9,12,3},
    {10,13,3},{10,14,5},
    {11,13,5},{11,14,2},
    {12,13,6},{12,14,6},
    {13,15,4},{14,15,3}
};
enum {A,B1,B2,C1,C2,C3,C4,D1,D2,D3,E1,E2,E3,F1,F2,G};
int main()
{
    ArcNode * adjList[16];       //邻接表头指针数组
    struct ArcNode *p;
```

```cpp
int f[16],x[16],X[16];
for(int i=0; i<16; i++)
    adjList[i]=NULL;
for(i=0; i<30; i++)
{
    //采用头插法建立邻接表
    int v1=a[i].v1,v2=a[i].v2,w=a[i].w;
    struct ArcNode *s;
    s=new struct ArcNode;
    s->adjvex=v2;
    s->w=w;
    s->next=adjList[v1];
    adjList[v1]=s;
}//这部分属于《数据结构》的内容
for(i=0; i<16; i++)
{
    f[i]=INT_MAX;
    x[i]=-1;
    X[i]=0;
}//初始化
f[15]=0;
for(i=14; i>=0; i--)
{//核心代码部分
    p=adjList[i];
    while(p!=NULL)
    {//求最小值部分
        int j=p->adjvex,dij=p->w;
        if(dij+f[j]<f[i])
        {
            f[i]=dij+f[j];
            x[i]=j;
        }//if
        p=p->next;
    }//while
}//for
int j=1;
i=x[0];
while(i!=-1)
{//求出最优决策函数序列{Xk}
    X[j++]=i;
    i=x[i];
}
cout<<"最短的路径为";
for(i=0; i<7; i++)
    cout<<X[i]<<",";
cout<<"费用是";
cout<<f[0]<<endl;
```

```
        return 0;
}
```

最短的路径为0,1,4,7,11,14,15,费用是18
Press any key to continue_

3.3　动态规划应用举例

3.2 节给出了动态规划的逆推解法，下面我们给出另一种解法——从始点向终点方向寻找最佳路线的顺推解法。若以 U_k 表示第 k 阶段的一个决策点，从始点开始，依顺向求出第一阶段，第二阶段，…，第 n 阶段中各点到达始点的最佳路线，最终求出始点到终点的最佳路线。

3.3.1　数字三角形问题

图 3.7(a)示出了一个数字三角形，请编一个程序，计算从顶至底的某处的一条路径，使该路径所经过的数字的总和最大。其中：

（1）每一步可沿左斜线向下或右斜线向下；

（2）三角形行数为 2，3，…，100；

（3）三角形中的数字为 0，1，…，99。

输入数据：

由 input.txt 文件中首先读到的是三角形的行数，input.txt 表示如图 3.7(b)。

输出数据：

把最大总和(整数)写入 output.txt 文件。

我们按三角形的行划分阶段，若行数为 n，则可把该题看作一个 $n-1$ 个阶段的决策问题。

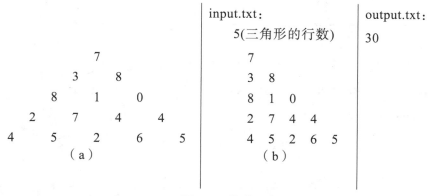

input.txt:	output.txt:
5(三角形的行数)	30

```
        7                    7
      3   8                3 8
    8   1   0            8 1 0
  2   7   4   4        2 7 4 4
4   5   2   6   5    4 5 2 6 5
      （a）               （b）
```

图 3.7　数字三角形问题

设：

$f_k(U_k)$——从第 k 阶段中的点 U_k 至三角形顶点有一条最佳路径,该路径所经过的数字的总和最大,$f_k(U_k)$ 表示为这个数字和。

由于每一次决策有两个选择，或沿左斜线向下，或沿右斜线向下，因此设：

U_{k1}——$k-1$ 阶段中某点 U_k 沿左斜线向下的点，U_{k1} 是 k 阶段中的点；

U_{k2}——$k-1$ 阶段中某点 U_k 沿右斜线向下的点，U_{k2} 是 k 阶段中的点；

$d_k(U_{k1})$——k 阶段中 U_{k1} 的数字；

$d_k(U_{k2})$——k 阶段中 U_{k2} 的数字。

如 2 阶段中点(3,10)沿左斜线向下的点为(8,18)，3 阶段中(8,18)的数字为 8，该路径所经过的数字的总和最大为 18；

如 2 阶段中点(3,10)沿右斜线向下的点为(1,16)，3 阶段中(1,16)的数字为 1，该路径所经过的数字的总和最大为 16；

因而可写出顺推关系式

$$f_k(U_k)=\max\{f_{k-1}(U_k)+d_k(U_{k1}),\ f_{k-1}(U_k)+d_k(U_{k2})\}$$

$$f_0(U_0)=0;$$

$$k=1,2,3,4,\cdots,n$$

$f_1(7)=f_1(7)=7$

$f_2(3)=f_1(7)+d_2(3)=7+3=10$
$f_2(8)=f_1(7)+d_2(8)=7+8=15$

$f_3(8)=f_2(3)+d_3(8)=10+8=18$
$f_3(1)=\max\{f_2(3)+d_3(1),\ f_2(8)+d_3(1)\}=\{10+1,\ 15+1\}=16$
$f_3(0)=f_2(8)+d_3(0)=15+0=15$

经过一次顺推，便可分别求出从顶至底 N 个数的 N 条路径，在这 N 条路径所经过的 N 个数字和中，最大值即为所求问题的解。

根据上述顺推关系，我们编写程序如下：

```cpp
#include <iostream>
#include <fstream>
using namespace std;
ifstream Fi("INPUT.TXT"); //文件变量,文件名和文件变量连接,文件读准备
ofstream Fo("OUTPUT.TXT"); //文件变量,文件名和文件变量连接,文件写准备
const int Maxn=100;
typedef struct
{
    int Val,Tot; //当前格数字；从[1,1]到当前格的路径所经过的数字和
}Node;
```

```
Node List[Maxn][Maxn]；//计算表
int N,Max,//行数,最大总和
i,j；//辅助变量
void Init()
{
    Fi>>N；//读三角形行数
    for(i=1；i<=N；i++)//读入三角形各格的数字
        for(j=1；j<=i；j++)
            Fi>>List[i][j].Val；
}//Init
void Main()
{
    List[1][1].Tot= List[1][1].Val；//从[1,1]位置开始往下顺推
    for(i=2；i<=N；i++)
    {
        for(j=1；j<=i；j++)
        {
            List[i][j].Tot=-1；//从[1,1]至[i,j]的数字和初始化
            if(j!=1 && List[i-1][j-1].Tot+List[i][j].Val>List[i][j].Tot)
                List[i][j].Tot=List[i-1][j-1].Tot+List[i][j].Val；//若从[i-1,j-1]选择右斜线向下会使
[1,1]至[i,j]的数字和最大,则决策该步
            if(j!=i && List[i-1][j].Tot+List[i][j].Val>List[i][j].Tot)
                List[i][j].Tot=List[i-1][j].Tot+List[i][j].Val；
        }//若从[i-1,j]选择左斜线向下会使[1,1]至[i,j]的数字和最大,则决策该步
    }//for
    Max=1；//[1,1]至底行各点的 N 条路径所经过的数字和中,选择最大的一个输出
    for(i=2；i<=N；i++)
    {
        if(List[N][i].Tot>List[N][Max].Tot)
            Max=i；
    }
    printf("%d",List[N][Max].Tot)；//输出最大总和
    Fo<<List[N][Max].Tot；
}//Main
int main()
{
    Init()；//读入数字三角形
    Main()；//求最大总和
}//main
```

为了统一处理，我们将数字三角形拓展为：

```
0  7  0
0  3  8  0
0  8  1  0  0
0  2  7  4  4  0
0  4  5  2  6  5  0
```

这时，计算第一列、最后一列和计算其他列就一致了，于是，可以将下列语句：

if(j!=1 && List[i-1][j-1].Tot+List[i][j].Val>List[i][j].Tot)

       List[i][j].Tot=List[i-1][j-1].Tot+List[i][j].Val；//若从[i-1,j-1]选择右斜线向下会使[1,1]至[i,j]的数字和最大,则决策该步

       if(j!=i && List[i-1][j].Tot+List[i][j].Val>List[i][j].Tot)

       List[i][j].Tot=List[i-1][j].Tot+List[i][j].Val；

       }//若从[i-1,j]选择左斜线向下会使[1,1]至[i,j]的数字和最大，则决策该步

改进为：

if(List[i-1][j-1].Tot+List[i][j].Val>List[i][j].Tot)

       List[i][j].Tot=List[i-1][j-1].Tot+List[i][j].Val；//若从[i-1,j-1]选择右斜线向下会使[1,1]至[i,j]的数字和最大,则决策该步

       if(List[i-1][j].Tot+List[i][j].Val>List[i][j].Tot)

       List[i][j].Tot=List[i-1][j].Tot+List[i][j].Val；

       }//若从[i-1,j]选择左斜线向下会使[1,1]至[i,j]的数字和最大，则决策该步

即去掉 j!=1 和 j!=i 两个条件的测试，从而改进了 $T(n)$ 和 $S(n)$。另外，我们还可以自底向上逆推求解。实际上我们还可以将数字三角形问题变换为多段图问题。

前面的数字三角形问题变换如图 3.8 所示的多段图问题。

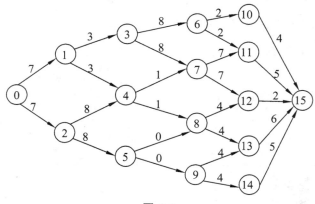

图 3.8

```cpp
#include <iostream>
using namespace std;
typedef struct ArcNode
{
    int adjvex,w;
    struct ArcNode *next;
}ArcNode;   //表节点
struct e
{
    int v1,v2,w;
}; //边类型
e a[]={
    {0,1,7},{0,2,7},
    {1,3,3},{1,4,3},
    {2,4,8},{2,5,8},
    {3,6,8},{3,7,8},
    {4,7,1},{4,8,1},
    {5,8,0},{5,9,0},
    {6,10,2},{6,11,2},
    {7,11,7},{7,12,7},
    {8,12,4},{8,13,4},
    {9,13,4},{9,14,4},
    {10,15,4},
    {11,15,5},
    {12,15,2},
    {13,15,6},
    {14,15,5}
};
int main()
{
    ArcNode * adjList[16];       //邻接表头指针数组
    struct ArcNode *p;
    int f[16],x[16],X[16];
    for(int i=0; i<16; i++)
        adjList[i]=NULL;
    for(i=0; i<25; i++)
    {
        //采用头插法建立邻接表
        int v1=a[i].v1,v2=a[i].v2,w=a[i].w;
        struct ArcNode *s;
        s=new struct ArcNode;
        s->adjvex=v2;
        s->w=w;
```

```
            s->next=adjList[v1];
            adjList[v1]=s;
    }//这部分属于《数据结构》的内容
    for(i=0; i<16; i++)
    {
            f[i]=-1;
            x[i]=-1;
            X[i]=0;
    }//初始化
    f[15]=0;
    for(i=14; i>=0; i--)
    {//核心代码部分
            p=adjList[i];
            while(p!=NULL)
            {//求最小值部分
                    int j=p->adjvex,dij=p->w;
                    if(dij+f[j]>f[i])
                    {
                            f[i]=dij+f[j];
                            x[i]=j;
                    }//if
                    p=p->next;
            }//while
    }//for
    int j=1;
    i=x[0];
    while(i!=-1)
    {//求出最优决策函数序列{Xk}
            X[j++]=i;
            i=x[i];
    }
    cout<<"最短的路径为";
    for(i=0; i<5; i++)
            cout<<adjList[X[i]]->w<<",";
    cout<<"费用是";
    cout<<f[0]<<endl;
    return 0;
}
```

```
最短的路径为7,3,8,7,5,费用是30
Press any key to continue
```

　　动态规划不仅可以求单向的最佳路线，而且还适用于求满足某种特定要求的："最佳"回路问题。

实验 3　数字三角形问题

1. 实验目的
① 理解动态规划算法的概念；
② 掌握动态规划算法的基本要素；
③ 掌握设计动态规划算法的步骤；
④ 针对具体问题，能应用动态规划法设计有效算法；
⑤ 用 C++实现算法，并且分析算法的效率。

2. 实验设备及材料
① 硬件设备：PC
② 开发工具：VC++6.0

3. 实验内容
① **问题描述**：给定一个由 n 行数字组成的数字三角形，如图 3.9 所示。试设计一个算法，计算出从三角形的顶至底的一条路径，使该路径经过的数字总和最大。

图 3.9　数字三角形

② **算法设计**：对于给定的由 n 行数字组成的数字三角形，计算从数字三角形的顶至底的路径经过的数字和的最大值。

③ **数据输入**：由文件 input.txt 提供输入数据。文件的第 1 行是数字三角形的行数 n，$1 \leqslant n \leqslant 100$。接下来 n 行是数字三角形各行中的数字。所有数字在 0~99 之间。

④ **结果输出**：将计算结果输出到文件 output.txt。文件第 1 行中的数是计算出的最大值。

输入文件示例	输出文件示例
input.txt	output.txt
5	30
7	
3 8	
8 10	
2 7 4 4	
4 5 2 6 5	

4. 实验方法步骤及注意事项

（1）实验步骤：

① 根据题意找出最优解的性质，并刻画其结构特征。

② 以自底向上的方式计算出最优值。

③ 根据计算最优值时得到的信息，构造最优解。

（2）解题思路。

从倒数第二行开始，将自己与下一行同列的数相加再和自己与下一行下一列的数相加的结果比较，将大的存放在自己中。

（3）参考算法：

```cpp
#include <iostream>
#include <fstream>
using namespace std;
ifstream fin("input.txt");
ofstream fout("output.txt");
void bottom_up(int n,int** triangle)
{
    for(int row=n-2; row>=0; row--)
    {
        for(int col=0; col<=row; col++)
        {
            if(triangle[row+1][col]>triangle[row+1][col+1])
                triangle[row][col]+=triangle[row+1][col];
            else
                triangle[row][col]+=triangle[row+1][col+1];
        }
    }
}
void main()
{
    int n;
    fin>>n;
    int** triangle=new int*[n];
    for(int i=0; i<n; i++)
    {
        triangle[i]=new int[n];
    }
    for(i=0; i<n; i++)
    {
        for(int j=0; j<=i; j++)
        {
            fin>>triangle[i][j];
        }
    }
```

```
    bottom_up(n,triangle);
    cout<<triangle[0][0]<<endl;
    fout<<triangle[0][0]<<endl;
}
```

阅读材料3——深入探讨动态规划中的几个问题

宋海岸[1]   纪   政[2]

华东师范大学   上海   200062

摘   要： 动态规划(DP)是解决多阶段决策最优化问题的一种思想方法。凭借其解决问题的高效性，在理论推理和实践应用中均被频繁使用。但是，由于其灵活度大、涉及面广，初学者很难掌握。由树形 DP 和状态压缩 DP 的两个例子展开，进而讨论了动态规划的优化和扩展问题。最后指出，理解动态规划的关键还在于有效的数学建模，以及对基本模型的灵活运用。

关键词： DP；动态规划；状态压缩；树形 DP

中图分类号： TP301   **文献标识码：** A   **文章编号：** 1672-7800(2010)09-0012-02

0 引 言

动态规划是一种重要的程序设计思想，具有广泛的应用价值。动态规划具有高时效，是因为它在将问题规模不断减小的同时，有效地把解记录下来，从而避免了反复解同一个子问题的现象，因而只要运用得当，较之暴力搜索而言，效率就会有特别大的提高。任何思想方法都有一定的局限性，超出了特定条件，它就失去了作用。同理，动态规划也并不是万能的。那么使用动态规划必须符合什么条件呢？必须满足最优化原理和无后效性。一般由初始状态开始，通过对中间阶段决策的选择，达到结束状态。这些决策形成了一个决策序列，同时确定了完成整个过程的一条活动路线。其中，状态压缩型动态规划把 DP 的核心思想体现得淋漓尽致，树形动态规划则是把 DP 和 "树" 这一特殊的数据结构结合起来，便于 DP 的迭代使用。同时，也有一部分问题在使用动态规划思想解决时，时间效率并不能满足要求，而且算法仍然存在优化的余地。这时，就需要考虑时间效率的优化。

1 两种类型的动态规划

1.1 树形动态规划

顾名思义，树型动态规划就是在 "树" 的数据结构上的动态规划，与线性动态规划的正

---

[1]作者简介：宋海岸（1989－），男，河南开封人，华东师范大学软件学院学生，研究方向为算法设计、人工智能；
[2]纪政（1989－），男，山东曹县人，华东师范大学软件学院学生，研究方向为数据库、数据挖掘。

反两种方向类似，树型动态规划是建立在树上的，所以也相应的有两个方向：

（1）根→叶：不过这种动态规划在实际的问题中运用得不多。

（2）叶→根：即根的子节点传递有用的信息给根，然后根得出最优解的过程。

下面举例说明。

题意：有一棵无根树，每条边有一定的权重，每个节点有一定数量的苹果，你可以在有边相连的两点之间移动苹果，移动花费为苹果数*边的权重，问要使每个节点的苹果数的方差最小，所需花费最少为多少？

分析：要达到方差最小，最终的方案中的每个节点的苹果数目必然是苹果总数的平均值的下取整或上取整。在遍历全树的时候，我们想到了给每一个节点赋予一个 f[i][j][k]来标识以 i 为根的子树遍历到它的第 j 个孩子有 k 个节点下取整时最小耗费。不妨记 p[i]为节点 i 的父亲，son[i][j]为节点 i 的第 j 个孩子，snum[i]为节点 i 的孩子个数，sum[i]为以节点 i 为根的子树的苹果总数，size[i]为以节点 i 为根的节点总数，ave 为苹果总数的平均数下取整。接着，要想办法把 f[i][j][k]跟 "树" 这一特殊结构联系起来！

根据树的遍历原理以及动态规划的局部最优性，每一个 f[i][j][k]的状态，都要枚举 f[i][j-1][x](x 为一个范围的常数)，随之确定 h[son[i][j]][x]。h[i][x]就是 "背包九讲" 中的泛化物品的概念，即，一个由 "重量" 到价值的映射。这个时候，整个程序脉络就很清楚了。以下是状态转移方程：

$f[i][j][k] = \min\{f[i][j-1][k-x] + h[son[i][j]][x]\}$，$0 \leq k \leq size[i]$

$h[i][x] = f[i][snum[i]][x] + t[i][x]*len[i][p[i]]$

$t[i][x] = sum[i]-ave*x-(ave + 1)*(size[i]-x)$

初始化：$f[i][][0] = f[i][][1]=0$

当然，我们可以想到把 0-1 背包的最内层加上了一个长度为当前分组元素个数的循环，这样 f 就可以压缩为二维，但是算法的时间复杂度还是 $O(n^3)$。

1.2 状态压缩动态规划

在所给问题的条件比较零散，难以捉摸；或者表示状态过于复杂，直接抽取表面信息进行建模，列出状态转移方程的话，难免陷入计算繁杂的误区。这时，就需要用状态压缩的方法，抽象方程中的状态，这对降低时间和空间复杂度有很大的好处。

2 动态规划的优化技巧

由于时间复杂度=状态总数*每个状态转移的状态数*每次状态转移的时间。因此，我们对动态规划的优化，一般也从这几个角度考虑。树形动态规划和状态压缩都有效地减少了状态总数。下面介绍一种方法，可以少每个状态可能转移的状态数。

3 结束语

本文从树形动态规划和状态压缩动态规划两个特例入手，进一步讨论了动态规划的优化问题。算法和数据结构是程序的灵魂，树形动态规划把两者完美地结合起来；状态压缩动态规划则是减小了繁杂的状态表示，化繁为简。总而言之，动态规划的算法灵活，技巧性强，需要结合具体问题数学建模，选择合适有效的角度切入问题，然后考虑其优化和改进。

参考文献

[1] 刘汝佳,黄亮.算法艺术与信息学竞赛[M].北京:清华大学出版社,2004.

[2] 吴文虎,王建德.实用算法分析与程序设计[M].北京:电子工业出版社,1998.

习题 3

一、填空题

1. 对于一个可以用动态规划法求解的问题，要求问题既要满足____的特性，又要具有大量的____。

答：最优子结构；相互重叠的若干子问题

二、简答题

1. 动态规划法和分治法之间有什么共同点?有什么不同点?

解答：分治法将待求解问题分解成若干个子问题，先分别求解子问题，然后合并子问题的解得到原问题的解。动态规划法也是将待求解问题分解成若干个子问题，但是子问题间往往不是相互独立的。如果用分治法求解，这些子问题的重叠部分被重复计算多次。而动态规划法将每个子问题只求解一次并将其解保存在一个表格中，当需要再次求解此子问题时，只是简单地通过查表获得该子问题的解，从而避免了大量的重复计算。

第4章 贪心法

为了解决一个复杂的问题,人们总是要把它分解为若干个类似的子问题。分治法是把一个复杂问题分解为若干个相互独立的子问题,通过求解子问题并将子问题的解合并得到原问题的解;动态规划法是把一个复杂问题分解为若干个相互重叠的子问题,通过求解子问题形成的一系列决策得到原问题的解;而贪心法(greedy method)是把一个复杂问题分解为一系列较为简单的局部最优选择,每一步选择都是对当前解的一个扩展,直到获得问题的完整解。贪心法的典型应用是求解最优化问题,而且对许多问题都能得到整体最优解,即使不能得到整体最优解,通常也是最优解的很好近似。

4.1 概　　述

4.1.1 贪心法的设计思想

作为一种算法设计技术,贪心法是一种简单有效的方法。正如其名字一样,贪心法在解决问题的策略上,只根据当前已有的信息就做出选择,而且一旦做出了选择,不管将来有什么结果,这个选择都不会改变。换言之,贪心法并不是从整体最优考虑,它所做出的选择只是在某种意义上的局部最优。这种局部最优选择并不总能获得整体最优解(optimal solution),但通常能获得近似最优解(near-optimal solution)。如果一个问题的最优解只能用蛮力法穷举得到,则贪心法不失为寻找问题近似最优解的一个较好办法。

考虑用贪心法求解付款问题。假设有面值为 5 元、2 元、1 元、5 角、2 角、1 角的货币,需要找给顾客 4 元 6 角现金,为使付出的货币的数量最少,首先选出 1 张面值不超过 4 元 6 角的最大面值的货币,即 2 元,再选出 1 张面值不超过 2 元 6 角的最大面值的货币,即 2 元,再选出 1 张面值不超过 6 角的最大面值的货币,即 5 角,再选出 1 张面值不超过 1 角的最大面值的货币,即 1 角,总共付出 4 张货币。这类似于进制转换,统一单位,其计算过程:

$$46 - 20 = 26(角)$$
$$26 - 20 = 6(角)$$
$$6 - 5 = 1(角)$$
$$1 - 1 = 0(角)$$

在付款问题每一步的贪心选择中，在不超过应付款金额的条件下，只选择面值最大的货币，而不去考虑在后面看来这种选择是否合理，而且它还不会改变决定：一旦选出了一张货币，就永远选定。付款问题的贪心选择策略是尽可能使付出的货币最快地满足支付要求，其目的是使付出的货币张数最慢地增加，这正体现了贪心法的设计思想。

上述付款问题应用贪心法得到的是整体最优解，但是如果把面值改为 3 元、1 元、8 角、5 角、1 角，找给顾客的是 1 个 3 元、1 个 1 元、1 个 5 角和 1 个 1 角共 4 张货币：

```
46 − 30 = 16(角)
16 − 10 = 6(角)
6 − 5 = 1(角)
1 − 1 = 0(角)
```

但最优解却是 3 张货币：1 个 3 元和 2 个 8 角：

```
46 − 30 = 16(角)
16 − 8 = 8(角)
8 − 8 = 0(角)
```

对于一个具体的问题,怎么知道是否可以用贪心法求解,以及能否得到问题的最优解呢? 这个问题很难给予肯定的回答。但是，从许多可以用贪心法求解的问题中看到，这类问题一般具有两个重要的性质：最优子结构性质(optimal substructure property)和贪心选择性质(greedy selection property)。

（1）最优子结构性质。

当一个问题的最优解包含其子问题的最优解时，称此问题具有最优子结构性质，也称此问题满足最优性原理。问题的最优子结构性质是该问题可以用动态规划法或贪心法求解的关键特征。

在分析问题是否具有最优子结构性质时，通常先假设由问题的最优解导出的子问题的解不是最优的，然后证明在这个假设下可以构造出比原问题的最优解更好的解，从而导致矛盾。

（2）贪心选择性质。

所谓贪心选择性质是指问题的整体最优解可以通过一系列局部最优的选择，即贪心选择来得到，这是贪心法和动态规划法的主要区别。在动态规划法中，每步所做出的选择(决策)往往依赖于相关子问题的解，因而只有在求出相关子问题的解后，才能做出选择。而贪心法仅在当前状态下做出最好选择，即局部最优选择，然后再去求解做出这个选择后产生的相应子问题的解。正是由于这种差别，动态规划法通常以自底向上的方式求解各个子问题，而贪心法则通常以自顶向下的方式做出一系列的贪心选择，每做一次贪心选择就将问题简化为规模更小的子问题。

对于一个具体问题，要确定它是否具有贪心选择性质，必须证明每一步所做的贪心选择最终导致问题的整体最优解。通常先考察问题的一个整体最优解，并证明可修改这个最优解，使其从贪心选择开始。做出贪心选择后，原问题简化为规模较小的类似子问题，然后，用数学归纳法证明，通过每一步的贪心选择，最终可得到问题的整体最优解。

4.1.2 贪心法的求解过程

贪心法通常用来求解最优化问题，从某一个初始状态出发，根据当前的局部最优策略，以满足约束方程为条件，以使目标函数增长最快(或最慢)为准则，在候选集合中进行一系列的选择，以便尽快构成问题的可行解。一般来说，用贪心法求解问题应该考虑如下几个方面：

（1）候选集合 C：为了构造问题的解决方案，有一个候选集合 C 作为问题的可能解，即问题的最终解均取自于候选集合 C。例如，在付款问题中，各种面值的货币构成候选集合。

（2）解集合 S：随着贪心选择的进行，解集合 S 不断扩展，直到构成一个满足问题的完整解。例如，在付款问题中，已付出的货币构成解集合。

（3）解决函数 solution：检查解集合 S 是否构成问题的完整解。例如，在付款问题中，解决函数是已付出的货币金额恰好等于应付款。

（4）选择函数 select：即贪心策略，这是贪心法的关键，它指出哪个候选对象最有希望构成问题的解，选择函数通常和目标函数有关。例如，在付款问题中，贪心策略就是在候选集合中选择面值最大的货币。

（5）可行函数 feasible：检查解集合中加入一个候选对象是否可行，即解集合扩展后是否满足约束条件。例如，在付款问题中，可行函数是每一步选择的货币和已付出的货币相加不超过应付款。

开始时解集合 S 为空，然后使用选择函数 select 按照某种贪心策略，从候选集合 C 中选择一个元素 x，用可行函数 feasible 去判断解集合 S 加入 x 后是否可行，如果可行，把 x 合并到解集合 S 中，并把它从候选集合 C 中删去；否则，丢弃 x，从候选集合 C 中根据贪心策略再选择一个元素，重复上述过程，直到找到一个满足解决函数 solution 的完整解。贪心法的一般过程如下：

贪心法的一般过程

```
Greedy(C) // C 是问题的输入集合即候选集合
{
S={};  // 初始解集合为空集
while(not solution(S)) // 集合 S 没有构成问题的一个解
{
x=select(C)；  // 在候选集合 C 中做贪心选择
if feasible(S，x) // 判断集合 S 中加入 x 后的解是否可行
S=S+{x}；
C=C-{x}；  // 不管可不可行，都要从候选集合 C 中删去 x
}
return S；
}
```

贪心法是在少量计算的基础上做出贪心选择而不急于考虑以后的情况，这样一步一步扩充解，每一步均是建立在局部最优解的基础上，而每一步又都扩大了部分解。因为每一步所做出的选择仅基于少量的信息，因而贪心法的效率通常很高。设计贪心算法的困难在于证明得到的解确实是问题的整体最优解。

4.2 删数问题

4.2.1 问题的提出

给定一个 n 位正整数 a，去掉其中任意 $k \leqslant n$ 个数字后，剩下的数字按原次序排列组成一个新的正整数。对于给定的 n 位正整数 a 和正整数 k，设计一个算法找出剩下的数字组成的新整数最小的删数方案。例：

a=178543，k=4   输出：13
a=5934625578，k=6   输出：2557

4.2.2 贪心选择策略

n 位数 a 可表示为：$x_1 x_2 x_3 \cdots x_i x_j x_k x_m \cdots x_n$，要删去 k 位数，使得剩下的数字组成的整数最小。

设原问题为 T，其最优解 $A = (y_1, y_2, \cdots, y_k)$ 表示依次删去 k 个数，在删去 k 个数后剩下的数字按原次序排成的新数。即最优值即为 T_A。

对于 a 的前 r 位：$x_1 < x_2 < \cdots < x_p < x_q$；若 $x_q > x_r$，则删去 x_q，即得到一个 $n-1$ 位的数 a_1，a_1 为 a 去掉一位后，数字按原次序排列最小的一个新正整数，可表示为：

$$x_1 x_2 x_3 \cdots x_p x_r x_s \cdots x_n$$

例：a=45372，其中 4<5>3，则删去 5，得 a_1=4372
　　a=45732，其中 4<5<7>3，则删去 7，得 a_1=4532

对于 a_1，原问题 T 变成了对 $n-1$ 位数删去 $k-1$ 位数的新问题 T'，新问题与原问题相同，只是规模减一。基于此种删数策略，对新问题 T'，仍可按照上述采用最近下降点删除的贪心选择策略，如此进行下去，直至删去 k 个数为止。

4.2.3 最优子结构性质

证明最近下降点删除具有最优子结构性质，即对于问题 T 删除最近下降点 x_q 后，得到的 a_1 是 $n-1$ 位数中最小的数。对 a 按权展开得：

$$a = x_1 \cdot 10^{n-1} + x_2 \cdot 10^{n-2} + \cdots + x_p \cdot 10^{n-p} + x_q \cdot 10^{n-q} + x_r \cdot 10^{n-r} \cdots + x_n$$

则有：

$$a_1 = x_1 \cdot 10^{n-2} + x_2 \cdot 10^{n-3} + \cdots + x_p \cdot 10^{n-p-1} + x_r \cdot 10^{n-r} + \cdots + x_n$$

假设删去的不是 x_q，而是其他位，则有：

$$a_2 = x_1 \cdot 10^{n-2} + x_2 \cdot 10^{n-3} + \cdots + x_p \cdot 10^{n-p-1} + x_q \cdot 10^{n-q} + \cdots + x_n$$

因为有 $x_1 < x_2 < \cdots < x_p < x_q$ 且 $x_q > x_r$，则有 $a_1 < a_2$。因此，删数问题满足最优子结构性质。

4.2.4　贪心选择性质

设问题 T 已按照最近下降点的方法删除，$A=(y_1,y_2,\cdots,y_k)$ 是删数问题的一个最优解。易知，若问题有解，则 $1\leqslant k\leqslant n$。

（1）当 $k=1$ 时，由前得证，$A=(y_1,A')$ 是问题的最优解；

（2）当 $k=q$ 时，由反证法，可得 $A=(y_1,y_2\cdots,y_q)$ 是最优解；当 $k=q+1$ 时，由前得证，$A=(y_1,y_2\cdots,y_q+y_{q+1})$ 是最优解。所以，删数问题问题具有贪心选择性质。

4.2.5　算法实现

算法 4.1——最近下降点策略求解删数问题

```cpp
#include <iostream>
#include <string> //VC++6.0
using namespace std;
//string a="178543";
//int k=4;
//输出:13
string a="5934625578";
int k=6;
//输出:2557
int main()
{
//    cin>>a>>k;
    if(k>=a.size())
        a.erase();
    else
    {
        while(k>0)
        {
            for(int i=0;(i<a.size()-1) && (a[i]<=a[i+1]);++i)
                ;
            a.erase(i,1);//i 为最近下降点，没有最近下降点时为表尾
            k--;
        }//while
    }//else
    while(a.size()>1 && a[0]=='0')
        a.erase(0,1);//删除前导 0
    cout<<a<<endl;
    return 0;
}
```

```
2557
Press any key to continue
```

4.3　图问题中的贪心法

4.3.1　TSP 问题

TSP 问题是指旅行家要旅行 n 个城市，要求各个城市经历且仅经历一次，然后回到出发城市，并要求所走的路程最短。

贪心法求解 TSP 问题的贪心策略是显然的，至少有两种贪心策略是合理的。

1. 最近邻点策略

从任意城市出发，每次在没有到过的邻接的城市中选择最近的一个，直到经过了所有的城市，最后回到出发城市。

如图 4.1(a)所示是一个具有 5 个顶点的无向图的代价矩阵，从顶点 1 出发，按照最近邻点的贪心策略，得到的路径是 1→4→3→5→2→1，总代价是 14。求解过程如图 4.1(b)～(f)所示。

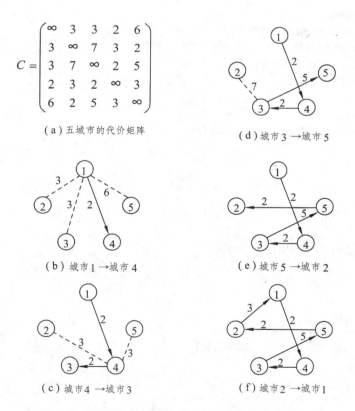

（a）五城市的代价矩阵

（b）城市1→城市4

（c）城市4→城市3

（d）城市3→城市5

（e）城市5→城市2

（f）城市2→城市1

图 4.1　最近邻点贪心策略求解 TSP 问题的过程

设图 G 有 n 个顶点，边上的代价存储在二维数组 $w[n][n]$ 中，集合 V 存储图的顶点，集合 P 存储经过的边，最近邻点策略求解 TSP 问题的算法如下：

算法 4.2——最近邻点策略求解 TSP 问题

1. P={}；
2. V=V-{u0}； // 用 V[0]=1 实现
u=u0； // 从顶点 u0 出发
3. 循环直到集合 P 中包含 n-1 条边
// 如图(e)中，包含 5-1=4 条边，出循环后加一条，如图(f)
3.1 查找与顶点 u 邻接的最小代价边(u，v)并且 v 属于集合 V；
// 在 u 行中求最小值并且 V[v]=0，这里用到求 n 个数的最小值的基本算法
3.2 P=P+{(u，v)}； // P[i]=v
3.3 V=V-{v}； // V[v]=1
3.4 u=v； // 从顶点 v 出发继续求解

具体实现：

```cpp
#include <iostream>
using namespace std;
int NearestNeighbor(int n,int dis[6][6],int v0,int P[4])
{//v0 为任意指定的开始顶点
    int V[6];//记录访问顶点
    int cost=0;//记录总权值
    int e=0,v=v0;
    int i,t,min,j=0;
    memset(V,0,sizeof(V));
    V[v0]=1;
    while(e<n-1)
    {
        min=8;
        for(i=1;i<=n;i++)
        {
            if(!V[i] && dis[v][i]<min)
            {
                min=dis[v][i];
                t=i;
            }//if
        }//for
        P[j++]=t;
        V[t]=1;
        cost+=min;
        e=e+1;
        v=t;
    }//while
    cost=cost+dis[v][v0];//回路
    return cost;
```

```
}//NearestNeighbor
void main()
{
    int distance[6][6]=
    {
        {8,8,8,8,8,8},
        {8,8,3,3,2,6},
        {8,3,8,7,3,2},
        {8,3,7,8,2,5},
        {8,2,3,2,8,3},
        {8,6,2,5,3,8}
    };//距离矩阵
    int v0=1;//开始顶点
    int P[4];
    int cost=NearestNeighbor(5,distance,v0,P);
    printf("TSP：\n%d->",v0);
    for(int i=0;i<4;i++)
        printf("%d->",P[i]);
    printf("%d\n",v0);
    printf("%d\n",cost);
}//main
```

其流程图如图 4.2 所示。

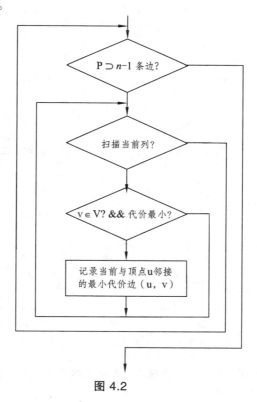

图 4.2

算法 4.2 的时间性能为 $O(n^2)$，因为共进行 $n-1$ 次贪心选择，每一次选择都需要查找满足贪心条件的最短边。

用最近邻点贪心策略求解 TSP 问题所得的结果不一定是最优解，图 4.1（a）中从城市 1 出发的最优解是 $1\rightarrow2\rightarrow5\rightarrow4\rightarrow3\rightarrow1$，总代价只有 13。当图中顶点个数 n 较多并且各边的代价值分布比较均匀时，最近邻点策略可以给出较好的近似解，不过，这个近似解以何种程度近似于最优解，却难以保证，这一点区别于概率算法。例如，在图 4.1 中，如果增大边(2，1)的代价，则总代价只好随之增加，没有选择的余地。

2. 最短链接策略

每次在整个图的范围内选择最短边加入到解集合中，但是，要保证加入解集合中的边最终形成一个哈密顿回路。因此，当从剩余边集 E′中选择一条边$(u，v)$加入解集合 S 中，应满足以下条件：

① 边$(u，v)$是边集 E′中代价最小的边；

② 边$(u，v)$加入解集合 S 后，S 中不产生回路；

③ 边$(u，v)$加入解集合 S 后，S 中不产生分枝。

如图 4.2（a）所示是一个五城市的代价矩阵，从顶点 1 出发，按照最短链接的贪心策略，得到的路径是 $1\rightarrow4\rightarrow3\rightarrow5\rightarrow2\rightarrow1$，总代价是 14。求解过程如图 4.3（b）～（f）所示。

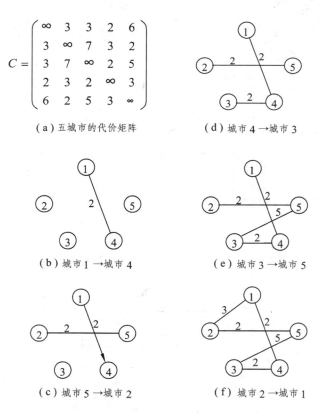

$$C = \begin{pmatrix} \infty & 3 & 3 & 2 & 6 \\ 3 & \infty & 7 & 3 & 2 \\ 3 & 7 & \infty & 2 & 5 \\ 2 & 3 & 2 & \infty & 3 \\ 6 & 2 & 5 & 3 & \infty \end{pmatrix}$$

（a）五城市的代价矩阵　　　　　（d）城市 4→城市 3

（b）城市 1→城市 4　　　　　（e）城市 3→城市 5

（c）城市 5→城市 2　　　　　（f）城市 2→城市 1

图 4.3　最短链接贪心策略求解 TSP 问题的过程

设图 G 有 *n* 个顶点，边上的代价存储在二维数组 *w*[*n*][*n*]中，集合 E'是候选集合即存储所有未选取的边，集合 P 存储经过的边，最短链接策略求解 TSP 问题的算法如下：

算法 4.3——最短链接策略求解 TSP 问题

1. P={}；
2. E′ =E；//候选集合，初始时为图中所有边
3. 循环直到集合 P 中包含 n-1 条边
3.1 在 E′ 中选取最短边(u，v)；
3.2 E'=E'-{(u，v)}；
3.3 如果(顶点 u 和 v 在 P 中不连通 and 不产生分枝)则 P=P+{(u，v)}；

具体实现：

```cpp
#include <iostream>
using namespace std;
#include "MFSet.h"
#define X INT_MAX
const int n=5;
int AdjMaxtrix[6][6]=
{
    //五城市的代价矩阵，下标从 1 开始，X 表示无穷大!为了方便，调试时建议用静态数
组，便于观察!
    {X,X,X,X,X,X},
    {X,X,3,3,2,6},
    {X,3,X,7,3,2},
    {X,3,7,X,2,5},
    {X,2,3,2,X,3},
    {X,6,2,5,3,X}
};
MFSet S;
int P[n+1][4];
int Degree[6];
int k=0;
bool isConnected(int u,int v)
{
    int i,j;
    i=find_mfset(S,u);
    j=find_mfset(S,v);
    return (i==j);
```

```
}
bool isBranched(int u,int v)
{
    return ((Degree[u]==2) || (Degree[v]==2));
}
void add(int u,int v,int w)
{
    int i,j;
    i=find_mfset(S,u);
    j=find_mfset(S,v);
    merge_mfset(S,i,j);
    Degree[u]++;
    Degree[v]++;
    P[++k][1]=u;
    P[k][2]=v;
    P[k][3]=w;
}
void select(int &u,int &v,int &w)
{
    int row,col;
    int min=X;
    for(row=1;row<=n;row++)
    {
        for(col=row+1;col<=n;col++)
        {
            if(AdjMaxtrix[row][col]<min)
            {
                min=AdjMaxtrix[row][col];
                u=row;
                v=col;
            }//if
        }//for
    }
    w=min;
}
void main()
{
    int cost=0;//记录总代价（最优值）
    int e=0;//记录 P 中包含的边数
```

```
    int row,col;
    int u,v,w;

    int i=0,j;//用于索引 P[i]数组
    memset(Degree,0,sizeof(Degree));
//从 Degree 指示的位置开始用 0 初始化 sizeof(Degree)个字节
    S.r=1;
    S.n=n;
    for(i=1;i<=S.n;i++)
    {
        //从下标 1 开始
        S.nodes[i].data=i;
        S.nodes[i].parent=-1;
    }
    while(e<n-1)
    {//循环直到集合 P 中包含 n-1 条边
        //在 E'中选取最短边(u，v);
        select(u,v,w);
        AdjMaxtrix[u][v]=X; //E'=E'-{(u，v)};
        //如果(顶点 u 和 v 在 P 中不连通 and 不产生分枝)
        if(!isConnected(u,v) && !isBranched(u,v))
        {
            add(u,v,w);
            e=e+1;
        }//if
    }//while
    //最后回到出发城市
    j=1;
    for(i=1;i<=n;i++)
    {
        if(Degree[i]==1)
        {
            P[n][j++]=i;
        }
    }
    P[n][3]=AdjMaxtrix[P[n][1]][P[n][2]];
    for(i=1;i<=n;i++)
        cost+=P[i][3];
    printf("TSP：按照最短链接的贪心策略，得到的路径是 1→4→3→5→2→1，总代价是
```

```
14。\n 边集 P 是\n");
    for(i=1;i<=n;i++)
        printf("(%d,%d)\n",P[i][1],P[i][2]);
    printf("总代价是%d\n",cost);
} // main
```

在算法 4.3 中，如果操作"在 E' 中选取最短边$(u，v)$"用顺序查找，则算法 4.3 的时间性能是 $O(n^2)$，如果采用堆排序的方法将集合 E' 中的边建立堆，则选取最短边的操作可以是 $O(\log_2 n)$，对于两个顶点是否连通以及是否会产生分枝，可以用并查集的操作将其时间性能提高到 $O(n)$，此时算法 4.3 的时间性能为 $O(n\log_2 n)$。

4.3.2　图着色问题

给定无向连通图 $G=(V，E)$，求图 G 的最小色数 k，使得用 k 种颜色对 G 中的顶点着色，可使任意两个相邻顶点着色不同。例如，图 4.4(a)所示的图可以只用两种颜色着色，将顶点 1、3 和 4 着成一种颜色，将顶点 2 和 5 着成另外一种颜色。为简单起见，下面假定 k 个颜色的集合为{颜色 1，颜色 2，…，颜色 k}。

一种显然的贪心策略是选择一种颜色，以任意顶点作为开始顶点，依次考察图中的未被着色的每个顶点，如果一个顶点可以用颜色 1 着色，换言之，该顶点的邻接点都还未被着色，则用颜色 1 为该顶点着色，当没有顶点能以这种颜色着色时，选择颜色 2 和一个未被着色的顶点作为开始顶点，用第二种颜色为尽可能多的顶点着色，如果还有未着色的顶点，则选取颜色 3 并为尽可能多的顶点着色，以此类推。

在图 4.4 中，如果考虑的顶点顺序是 1，2，3，4，5，则顶点 1、顶点 3 和顶点 4 被着颜色 1，顶点 2 和顶点 5 被着颜色 2，得到最优解，如图 4.4(a)所示。如果考虑的顶点顺序是 1，5，2，3，4，则顶点 1 和顶点 5 被着颜色 1，顶点 2 被着颜色 2，顶点 3 和顶点 4 被着颜色 3，得到近似解，如图 4.4(b)所示。因此贪心法求解图着色问题可能但不能保证找到一个最优解。

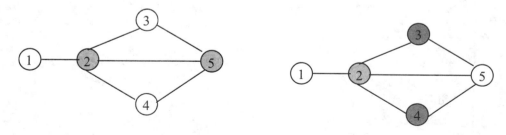

（a）考虑顶点顺序为 1,2,3,4,5 得到最优解 2　　　（b）考虑顶点顺序为 1,5,2,3,4 得到近似解 3

图 4.4　贪心法求解图着色问题示例

设数组 color[n]表示顶点的着色情况，贪心法求解图着色问题的算法如下：

算法 4.4——图着色问题

1. color[1]=1；//顶点 1 着颜色 1
2. for(i=2；i<=n；i++)//其他所有顶点置未着色状态
color[i]=0；
3. k=0；
4. 循环直到所有顶点均着色
4.1 k++；//取下一个颜色
4.2 for(i=2；i<=n；i++)//用颜色 k 为尽量多的顶点着色
4.2.1 若顶点 i 已着色，则转步骤 4.2，考虑下一个顶点；
4.2.2 若图中与顶点 i 邻接的顶点着色与顶点 i 着颜色 k 不冲突，则 color[i]=k；
5. 输出 k；

具体实现：

```c
#include <stdio.h>
int color[6];
int AdjMatrix[6][6]=
{
    {0,0,0,0,0,0},
    {0,0,1,0,0,0},
    {0,1,0,1,1,0},
    {0,0,1,0,0,1},
    {0,0,1,0,0,1},
    {0,0,0,1,1,0}
};
bool isColored(int i)
{
    return color[i];
}//isColored
bool isCollided(int i,int k)
{
    for(int j=1;j<=5;j++)
    {
        if(AdjMatrix[i][j] && color[j]==k)
            return true;
    }//for
    return false;
}//isCollided
```

```
void main()
{
    int counter=0;
    color[1]=1;//顶点 1 着颜色 1
    counter++;
    for(int i=2;i<=5;i++)//其他所有顶点置未着色状态
        color[i]=0;
    int k=0;
    //循环直到所有顶点均着色
    while(counter<5)
    {
        k++;//取下一个颜色
        for(i=2;i<=5;i++)//用颜色 k 为尽量多的顶点着色
        {
            if(!isColored(i) && !isCollided(i,k))
            {
                color[i]=k;//若图中与顶点 i 邻接的顶点着色与顶点 i 着颜色 k 不冲突,
则 color[i]=k;
                counter++;
            }//if
            //若顶点 i 已着色, 则转步骤 4.2, 考虑下一个顶点;
        }//for
    }
    printf("\nk=%d\n",k);//输出 k;
}
```

应用实例:

自动导向小车(以下简称 AGV, Automatic Guided Vehicle)用于生产过程中工件及成品的运送工作, 如何使 AGV 的运行效率得到提高, 如何安排 AGV 的调度次数和调度顺序, 是调度问题研究的关键所在。自动导向小车的调度问题可以转化为图着色问题。例如, 某车间内部加工工件 v_1, v_2, $\cdots$, v_n, 若加工完成后, 等待 AGV 的运输, 同时运输毛坯进行下一步的加工。一辆 AGV 一次只能进行一种工件毛坯的输送和对应成品的搬运。可以构造无向图 $G=(V, E)$, 其中 $V=\{v_1, v_2, \cdots, v_n\}$, 边 $(v_i, v_j) \in E$ 当且仅当工件 v_i 和工件 v_j 由同一辆 AGV 进行运输, 则该图的最少着色数就是所需的最小调度次数。

考虑一个具有 $2n$ 个顶点的无向图, 顶点的编号从 1 到 $2n$, 当 i 是奇数时, 顶点 i 与除了顶点 $i+1$ 之外的其他所有编号为偶数的顶点邻接; 当 i 是偶数时, 顶点 i 与除了顶点 $i-1$ 之外的其他所有编号为奇数的顶点邻接, 这样的图称为双向图(bipartite)。在双向图中，顶点可以分成两个集合 V_1 和 V_2(编号为奇数的顶点集合和编号为偶数的顶点集合)，并且每一条边都连接 V_1 中的一个顶点和 V_2 中的一个顶点。图 4.5 所示就是一个具有 8 个顶点的双向图。

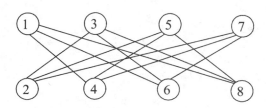

图 4.5　具有 8 个顶点的双向图

　　双向图只用两种颜色就可以完成着色，例如，可以将奇数顶点全部着成颜色 1，将偶数顶点全部着成颜色 2。如果贪心法以 1，3，…，$2n-1$，2，4，…，$2n$ 的顺序为双向图着色，则算法可以得到这个最优解，但是如果贪心法以 1，2，…，n 的自然顺序为双向图着色，则算法找到的是一个需要 n 种颜色的解。

4.4　FatMouse' Trade

Description

FatMouse prepared M pounds of cat food, ready to trade with the cats guarding the warehouse containing his favorite food, JavaBean.

The warehouse has N rooms. The i-th room contains J[i] pounds of JavaBeans and requires F[i] pounds of cat food. FatMouse does not have to trade for all the JavaBeans in the room, instead, he may get J[i]* a% pounds of JavaBeans if he pays F[i]* a% pounds of cat food. Here a is a real number. Now he is assigning this homework to you: tell him the maximum amount of JavaBeans he can obtain.

Input

The input consists of multiple test cases. Each test case begins with a line containing two non-negative integers M and N. Then N lines follow, each contains two non-negative integers J[i] and F[i] respectively. The last test case is followed by two -1's. All integers are not greater than 1000.

Output

For each test case, print in a single line a real number accurate up to 3 decimal places, which is the maximum amount of JavaBeans that FatMouse can obtain.

Sample Input

5 3

7 2
4 3
5 2
20 3
25 18
24 15
15 10
-1 -1
Sample Output
13.333
31.500

```
//VC++6.0
#include <iostream>
#include <algorithm>
#include <stdio.h>
using namespace std;
#define N 4

struct info
{
    int j;
    int f;
    double r;
}a[N];

bool cmp(const info &a,const info &b)
{
    return a.r>b.r;
}//cmp

int main()
{
    int m,n;

    while(scanf("%d%d",&m,&n) && (m+1 || n+1))
    {
        int i;
        for(i=0;i<n;i++)
```

```
            {
                scanf("%d%d",&a[i].j,&a[i].f);
                a[i].r=1.0*a[i].j/a[i].f;
        }//for


        sort(a,a+n,cmp);


        double j=0;
        int f=0;
        int left=m;
        for(i=0;i<n && left>=a[i].f;i++)
        {
                j+=a[i].j;
                f+=a[i].f;
                left-=a[i].f;
        }//for

        if(i<n)
                j+=left*a[i].r;
        printf("%.3lf\n",j);

    }//while

    return 0;
}
```

input.txt:
5 3
7 2
4 3
5 2
20 3
25 18
24 15
15 10
-1 -1

名称 ▲
Cᴴ FatMouse.cpp
📁 Debug
📖 FatMouse.dsp
📖 FatMouse.ncb
📄 FatMouse.plg
📄 input.txt

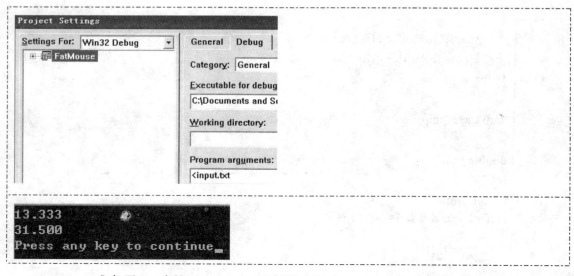

FatMouse 准备了 M 磅的 Cat-Food，以便用来跟小 Cat 交换好吃的 JavaBean。现在有 N 个房间，第 i 个房间有 J[i]磅的 JavaBean，其交换的筹码是 F[i]磅的 Cat-Food。当然，FatMouse 还是有很大的选择权的，对任意一个房间，它可以只交换一部分的 Cat-Food。现要求 FatMouse 以怎样的策略才能获得最多的 Cat-Food。

实验 4——图着色问题

1. 实验题目

给定无向连通图 $G=(V, E)$，求图 G 的最小色数 k，使得用 k 种颜色对 G 中的顶点着色，可使任意两个相邻顶点着色不同。

2. 实验目的

（1）了解图着色的概念，理解图着色的基本方法；
（2）掌握最优子结构性质的证明方法；
（3）掌握贪心法的设计思想并能熟练运用。

3. 实验要求

（1）证明图着色满足最优子结构性质；
（2）设计贪心算法求图着色问题；
（3）设计测试数据，写出程序文档。

4. 实现提示

```
int counter=0;
    color[1]=1;//顶点 1 着颜色 1
    counter++;
```

```
for(int i=2;i<=5;i++)//其他所有顶点置未着色状态
      color[i]=0;
int k=0;
//循环直到所有顶点均着色
while(counter<5)
{
    k++;//取下一个颜色
    for(i=2;i<=5;i++)//用颜色 k 为尽量多的顶点着色
    {
        if(!isColored(i) && !isCollided(i,k))
        {
            color[i]=k;//若图中与顶点 i 邻接的顶点着色与顶点 i 着颜色 k 不冲突，
则 color[i]=k;
            counter++;
        }//if
        //若顶点 i 已着色，则转步骤 4.2，考虑下一个顶点;
    }//for
}
printf("\nk=%d\n",k);//输出 k;
```

阅读材料4——用贪心算法求解删数问题

李洪霞[1]   张惠芳[2]

1. 青岛农业大学理学与信息科学与工程学院 山东 青岛 266109;

2. 乐陵市第一中学数学组 山东 乐陵 253600

摘　要： 贪心算法作为解决问题的一类重要方法，因其直观、高效的特点而受到重视。如果某一类实际问题，能够具有最优子结构和贪心选择性质，那么它就可以通过一系列局部最优选择来获得整体最优解。本文首先对删数问题进行了分析，然后给出了该问题的贪心解法。最后对所提出算法的时间复杂度进行了分析。

关键词： 删数问题；贪心算法；最优子结构；贪心选择；复杂度

1　引　言

当一个问题具有最优子结构性质和贪心选择性质时，贪心算法通常会给出一个简单、直观和高效的解法。贪心算法通过一系列的选择来得到一个问题的解。它所做的每一个选择都是在当前状态下具有某种意义的最好选择，即贪心选择；并且每次贪心选择都能将问题化简为一个更小的与原问题具有相同形式的子问题。尽管贪心算法对许多问题不能总是产生整体最优解，但对诸如最短路径问题、最小生成树问题[1]，以及哈夫曼编码问题[2]等具有最优子结构和贪心选择性质的问题却可以获得整体最优解。而且所给出的算法一般比动态规划算法更加简单、直观和高效。

本文对实际应用中的删数问题给出了一种贪心解法。文中首先给出了删数问题，然后对其进行分析和讨论，并证明了该问题具有贪心选择性质和最优子结构性质。在此基础上给出了该问题的贪心算法，最后对所提出算法的复杂度进行了分析。

2 问题的提出

删数问题[3]：给定一个 n 位正整数 a，去掉其中任意 $k \leqslant n$ 个数字后，剩下的数字按原次序排列组成一个新的正整数。对于给定的 n 位正整数 a 和正整数 k，设计一个算法找出剩下的数字组成的新整数最小的删数方案。

3 问题的贪心解法

3.1 贪心选择策略

n 位数 a 可表示为 $x_1 x_2 \cdots x_i x_j x_k x_m \cdots x_n$，要删去 k 位数，使得剩下的数字组成的整数最小。设原问题为 T，其最优解 $A = (y_1, y_2, \cdots, y_k)$ 表示依次删去的 k 个数，在删去 k 个数后剩下的数字按原次序排成的新数，即最优值记为 T_A。

本问题采用贪心算法求解，采用最近下降点优先的贪心策略：即 $x_1 < x_2 < \ldots < x_i < x_j$；如果 $x_k < x_j$，则删去 x_j，即得到一个新的数且这个数为 $n-1$ 位中为最小的数 N_1，可表示为 $x_1 x_2 \cdots x_i x_k x_m \cdots x_n$。

对 N_1 而言，即删去了 1 位数后，原问题 T 变成了需对 $n-1$ 位数删去 $k-1$ 个数新问题 T'。新问题和原问题相同，只是问题规模由 n 减小为 $n-1$，删去的数字个数由 k 减少为 $k-1$。基于此种删除策略，对新问题 T'，选择最近下降点的数进行删除，如此进行下去，直至删去 k 个数为止。

3.2 问题的贪心选择性质

先来证明该问题具有贪心选择性质，即对问题 T 删除最近下降点的数 x_j 后得到的 N_1 是 $n-1$ 位数是中最小的数。根据数的进制特点，对 a 按权展开得：

$$a = x_1 \cdot 10^{n-1} + x_2 \cdot 10^{n-2} + \cdots + x_i \cdot 10^{n-i} + x_j \cdot 10^{n-j} + x_k \cdot 10^{n-k} + \cdots + x_n$$

则有：

$$N_1 = x_1 \cdot 10^{n-2} + x_2 \cdot 10^{n-3} + \cdots + x_i \cdot 10^{n-i-1} + x_k \cdot 10^{n-k} + \cdots + x_n$$

假设删去的不是 x_j 而是其它位，则有

$$N_2 = x_1 \cdot 10^{n-2} + x_2 \cdot 10^{n-3} + \cdots + x_i \cdot 10^{n-i-1} + x_j \cdot 10^{n-k} \cdots + x_n;$$

因为有 $x_1 < x_2 < \cdots < x_i < x_j$ 且 $x_j > x_k$，则有 $N_1 < N_2$。因此删数问题满足贪心选择性质。

3.3 问题的最优子结构性质

在进行了贪心选择后，原问题 T 就变成了对 N_1 如何删去 $k-1$ 个数的问题 T'，是原问

题的子问题。若 $A=(x_j, A')$ 是原问题 T 的最优解，则 A' 是子问题 T' 的最优解，其最优值为 T_A'。

证明：假设 A' 不是子问题 T' 的最优解，其子问题的最优解为 B'，其最优值记为 T_b'，则有

$T_B' < T_A'$，而根据 T_A 的定义可知：

$T_A = T_A' + x_j \cdot 10^{n-j}$，而 $T_B' < T_A'$，因此有

$T_B' + x_j^w 10^{n-j} < T_A' + x_j \cdot 10^{n-j} = T_A$。即存在一个由数 a 删去 1 位数后得到的 $n-1$ 位数比最优值 T_A 更小。这与 T_A 为问题 T 的最优值相矛盾。因此，A' 是子问题 T' 的最优值。

因此，删数问题满足最优子结构性质。

从以上贪心选择及最优子结构性质的证明可知删数问题用贪心算法可以求得最优解。

3.4 算法实现

根据以上证明，删数问题可以用最近下降点优先的贪心策略可以达到最优解。具体程序实现如下：

```cpp
#include <iostream.h>
#include <fstream.h>
#include <cmath>
#include <string.h>
void main()
{
    char a[1000000];
    int i,j;
    long int iCount,iNum;
    bool bCheck=true;
    fstream infile,outfile; //定义文件流对象
    infile.open("input.txt",ios::in);
    outfile.open("output.txt",ios::out);
    infile>>a>>iNum;
    iCount=strlen(a);
    j=0;
    for(i=1;i<iCount;i++)
    {
        if(a[i]>a[j])
        {
            j++;
            a[j]=a[i];
        }
```

```
        else
        {
            while((a[i]<a[j]) && (j>=0) && (iNum>0))
            {
                j--;
                iNum--;
            }
            j++;
            a[j] = a[i];
        }
    }
    //指针往前移
    if(iNum>0)
    {
    j=j-iNum;
    }
    //输出数字
    for(i=0;i<=j;i++)
    {
        if((a[i]=='0') && (bCheck))
        { //在第一个数字为 0 时，不输出。
        }
        else
        {
            outfile<<a[i];
            bCheck=false ;
        }
    }
    if(bCheck)
    {
        outfile<<'0';
}
outfile<<endl;
infile.close();
outfile.close();
}
```

试验结果：

input.txt：

1785434

output.txt：

13

4　算法结果分析

由以上程序可知，其时间复杂性为 O(n)，空间复杂性为 O(n)。

5　结束语

本文首先给出了删数问题的最优选择策略，进而证明其所具有的贪心选择性质和最优子结构性质。在此基础上提出了一种删数问题的贪心解法，并给出了算法的时间及空间复杂性。试验结果验证了所提出算法的有效性。尽管所提出的算法是对删数问题提出的，但算法的思想对于其它最优选择问题，同样具有借鉴作用。

参考文献

[1] 余祥宣,崔国华，邹海明. 计算机算法基础[M]. 武汉：华中科技大学出版社,2000.

[2] 卢开澄. 计算机算法导引——设计与分析[M]. 北京:清华大学出版社,2003.

[3] 王晓东. 计算机算法设计与分析（第 3 版）[M]. 北京：电子工业出版社,2007.

作者简介：李洪霞，女，（1979—），山东乐陵人，硕士，讲师，研究方向：算法，工作流管理。

张惠芳，女，（1976—），山东乐陵人，本科，中教一级。

习题 4

一、选择题

1. 下列哪些问题不能用贪心法求解？（ C ）

（A）霍夫曼编码问题　　　（B）单源最短路径问题

（C）0-1 背包问题　　　　（D）最小生成树问题

二、填空题

1. 对于一个可以用贪心法求解的问题，不仅要求问题满足<u>最优子结构</u>的特性，还应证明其贪心策略的<u>贪心选择</u>。

2. 用贪心方法求解背包问题的约束条件是：

$$\begin{cases} \sum_{i=1}^{n} w_i x_i = C \\ 0 \leqslant x_i \leqslant 1 \qquad (1 \leqslant i \leqslant n) \end{cases}$$

三、应用题

1. 求如下背包问题的最优解：有 7 个物品，价值 P=(10，5，15，7，6，18，3)，重量

w=(2，3，5，7，1，4，1)，背包容量 W=15。

物品	价值(v)	重量(w)	价值/重量(v/w)
1	10	2	5
2	5	3	5/3=1.6
3	15	5	3
4	7	7	1
5	6	1	6
6	18	4	18/4=4.5
7	3	1	3

物品	价值(v)	重量(w)	价值/重量(v/w)
5	6	1	6
1	10	2	5
6	18	4	18/4=4.5
3	15	5	3
7	3	1	3
2	5	3	5/3=1.6
4	7	7	1

物品	价值(v)	重量(w)	价值/重量(v/w)
5	6	1	6
1	10	2	5
6	18	4	18/4=4.5
3	15	5	3
7	3	1	3
2	5	3	5/3=1.6
4	7	7	1

bestx=(1,2/3,1,0,1,1,1),bestc=55.3

2. 证明背包问题具有贪心选择性质。

证明：不失一般性，假设物品按其单位重量价值降序排列，即：

$$v_1/w_1 \geqslant v_2/w_2 \geqslant \cdots \geqslant v_n/w_n$$

设 X=(x_1，x_2，$\cdots$，x_n)是根据第 3 种贪心策略找到的解，如果所有的 x_i 等于 1，则解 X 显然是最优的。否则，设 j 是满足 $x_j<1$ 的最小下标，根据贪心策略，当 $i<j$ 时，x_i=1；当 $i>j$ 时，x_i=0，即解(x_1，x_2，...，x_n)为(1，1，...，1，x_j，0，0，...，0)的形式，并且满足

$$\sum_{i=1}^{n} w_i x_i = C$$

此时背包获得的价值为

$$V(X) = \sum_{i=1}^{n} v_i x_i$$

设 Y=(y_1，y_2，$\cdots$，y_n)是某个最优解，显然

$$\sum_{i=1}^{n} w_i y_i = C$$

下面证明 $X=Y$，证明采用反证法。

如果 $X \neq Y$，一定存在 $k(1 \leqslant k \leqslant n)$，对于 $1 \leqslant i < k$，有 $x_i = y_i$，但 $x_k \neq y_k$。

（1）若 $x_k < y_k$，因为 $y_k < 1$，必有 $x_k < 1$，但是 $x_{k+1} = \cdots = x_n = 0$，所以，

$$\sum_{i=1}^{n} w_i x_i = \sum_{i=1}^{k} w_i x_i = C < \sum_{i=1}^{k} w_i y_i \leqslant \sum_{i=1}^{n} w_i y_i$$

矛盾；

（2）若 $x_k > y_k$，有

$$\sum_{i=1}^{n} w_i x_i = \sum_{i=1}^{k} w_i x_i = C > \sum_{i=1}^{k} w_i y_i$$

y_{k+1}，$\cdots$，y_n 不全为 0，增大 y_k 的值，同时减少 y_{k+1}，$\cdots$，y_n 中的不为 0 的某些值，得到 $Z = (z_1, z_2, \cdots, z_n)$，对于 $1 \leqslant i < k$，有 $z_i = y_i$，对于 $k < i \leqslant n$，有 $z_i \leqslant y_i$，但 $z_k > y_k$，且 $\sum_{i=1}^{n} w_i z_i = C$。

由于 $v_1/w_1 \geqslant v_2/w_2 \geqslant \cdots \geqslant v_n/w_n$，所以，在解 Z 中，单位重量价值大的物品增多，单位重量价值小的物品减少，从而解 Z 优于解 Y，与 Y 是最优解矛盾。由(1)和(2)可知，$X=Y$，因此，解 X 是最优的。

第5章 回溯法

在现实世界中，很多问题没有(至少目前没有)有效的算法，例如 TSP 问题，这些问题的解只能通过穷举搜索来得到。为了使搜索空间减少到尽可能小，需要采用系统化的搜索技术。回溯法(back track method)就是一种有组织的系统化搜索技术，可以看做是蛮力法穷举搜索的改进。蛮力法穷举搜索首先生成问题的可能解，然后再去评估可能解是否满足约束条件。而回溯法每次只构造可能解的一部分，然后评估这个部分解，如果这个部分解有可能导致一个完整解，则对其进一步构造，否则，就不必继续构造这个部分解了。回溯法常常可以避免搜索所有的可能解，所以，它适用于求解组合数量较大的问题。

5.1 概 述

5.1.1 问题的解空间

复杂问题常常有很多的可能解，这些可能解构成了问题的解空间。解空间也就是进行穷举的搜索空间，所以，解空间中应该包括所有的可能解。确定正确的解空间很重要，如果没有确定正确的解空间就开始搜索，可能会增加很多重复解，或者根本就搜索不到正确的解。例如下面的问题：

桌子上有 6 根火柴棒，要求以这 6 根火柴棒为边搭建 4 个等边三角形。可以很容易用 5 根火柴棒搭建两个等边三角形，但却很难将它扩展到 4 个等边三角形，如图 5.1（a）所示。是问题的描述产生了误导，因为它暗示的是一个二维的搜索空间(火柴是放在桌子上的)，但是，为了解决这个问题，必须在三维空间中考虑，如图 5.1（b）所示。

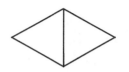　　　　

　（a）二维搜索空间无解　　　　　（b）三维搜索空间的解

图 5.1 错误的解空间将不能搜索到正确答案

对于任何一个问题，可能解的表示方式和它相应的解释隐含了解空间及其大小。例如，对于有 n 个物品的 0/1 背包问题，其可能解的表示方式可以有以下两种：

（1）可能解由一个不等长向量组成，当物品 $i(1 \leqslant i \leqslant n)$ 装入背包时，解向量中包含分量 i，否则，解向量中不包含分量 i，解向量的长度等于装入背包的物品个数，则解空间由长度为 $0 \sim n$ 的解向量组成。当 $n=3$ 时，其解空间是：

{(), (1), (2), (3), (1, 2), (1, 3), (2, 3), (1, 2, 3)}

（2）可能解由一个等长向量 $\{x_1, x_2, \cdots, x_n\}$ 组成，其中 $x_i=1(1 \leqslant i \leqslant n)$ 表示物品 i 装入背包，$x_i=0$ 表示物品 i 没有装入背包，则解空间由长度为 n 的 0/1 向量组成。当 $n=3$ 时，其解空间是：

{(0, 0, 0), (0, 0, 1), (0, 1, 0), (1, 0, 0), (0, 1, 1), (1, 0, 1), (1, 1, 0), (1, 1, 1)}

为了用回溯法求解一个具有 n 个输入的问题，一般情况下，将其可能解表示为满足某个约束条件的等长向量 $X=(x_1, x_2, \cdots, x_n)$，其中分量 $x_i(1 \leqslant i \leqslant n)$ 的取值范围是某个有限集合 $S_i=\{a_{i1}, a_{i2}, \cdots, a_{ir_i}\}$，所有可能的解向量构成了问题的解空间。

例如，n 个城市的 TSP 问题，将其可能解表示为向量 $X=(x_1, x_2, \cdots, x_n)$，其中分量 $x_i(1 \leqslant i \leqslant n)$ 的取值范围 $S=\{1, 2, \cdots, n\}$，并且解向量必须满足约束条件 $x_i \neq x_j(1 \leqslant i, j \leqslant n)$。当 $n=3$ 时，TSP 问题的解空间为：

{(1, 2, 3), (1, 3, 2), (2, 1, 3), (2, 3, 1), (3, 1, 2), (3, 2, 1)}

问题的解空间一般用解空间树(solution space trees，也称状态空间树)的方式组织，树的根节点位于第 1 层，表示搜索的初始状态，第 2 层的节点表示对解向量的第一个分量做出选择后到达的状态，第 1 层到第 2 层的边上标出对第一个分量选择的结果，以此类推，从树的根节点到叶子节点的路径就构成了解空间的一个可能解。

对于 $n=3$ 的 0/1 背包问题，其解空间树如图 5.2 所示，树中第 i 层与第 $i+1$ 层$(1 \leqslant i \leqslant n)$ 节点之间的边上给出了对物品 i 的选择结果，左子树表示该物品被装入了背包，右子树表示该物品没有被装入背包。树中的 8 个叶子节点分别代表该问题的 8 个可能解，例如节点 8 代表一个可能解(1, 0, 0)。

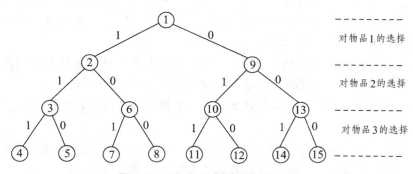

图 5.2　0/1 背包问题的解空间树

对于 $n=4$ 的 TSP 问题，其解空间树如图 5.3 所示，树中第 i 层与第 $i+1$ 层$(1 \leqslant i \leqslant n)$节点之间的边上给出了分量 x_i 的取值。记 $i \rightarrow j$ 表示从顶点 i 到顶点 j 的边$(1 \leqslant i, j \leqslant n)$，从图 5.3 中可以看到，根节点有 4 棵子树，分别表示从顶点 1、2、3、4 出发求解 TSP 问题，当选择第 1 棵子树后，节点 2 有 3 棵子树，分别表示 $1 \rightarrow 2$、$1 \rightarrow 3$、$1 \rightarrow 4$，以此类推。树中的 24 个

叶子节点分别代表该问题的 24 个可能解，例如节点 5 代表一个可能解，路径为 1→2→3→4→1，长度为各边代价之和。

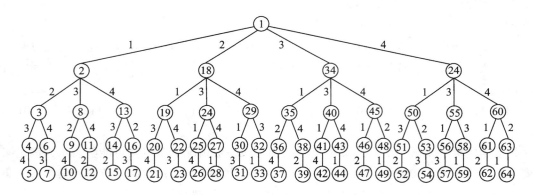

图 5.3 *n*=4 的 TSP 问题的解空间树

5.1.2 解空间树的动态搜索

蛮力法是对整个解空间树中的所有可能解进行穷举搜索的一种方法，但是，只有满足约束条件的解才是可行解，只有满足目标函数的解才是最优解，这就有可能减少搜索空间。回溯法从根节点出发，按照深度优先策略遍历解空间树，搜索满足约束条件的解。在搜索至树中任一节点时，先判断该节点对应的部分解是否满足约束条件，或者是否超出目标函数的界，也就是判断该节点是否包含问题的(最优)解，如果肯定不包含，则跳过对以该节点为根的子树的搜索，即所谓剪枝(pruning)；否则，进入以该节点为根的子树，继续按照深度优先策略搜索。

例如，对于 *n*=3 的 0/1 背包问题，3 个物品的重量为{20，15，10}，价值为{20，30，25}，背包容量为 25，从图 8.2 所示的解空间树的根节点开始搜索，搜索过程如下：

（1）从节点 1 选择左子树到达节点 2，由于选取了物品 1，故在节点 2 处背包剩余容量是 5，获得的价值为 20；

（2）从节点 2 选择左子树到达节点 3，由于节点 3 需要背包容量为 15，而现在背包仅有容量 5，因此节点 3 导致不可行解，对以节点 3 为根的子树实行剪枝；

（3）从节点 3 回溯到节点 2，从节点 2 选择右子树到达节点 6，节点 6 不需要背包容量，获得的价值仍为 20；

（4）从节点 6 选择左子树到达节点 7，由于节点 7 需要背包容量为 10，而现在背包仅有容量 5，因此节点 7 导致不可行解，对以节点 7 为根的子树实行剪枝；

（5）从节点 7 回溯到节点 6，在节点 6 选择右子树到达叶子节点 8，而节点 8 不需要容量，构成问题的一个可行解(1，0，0)，背包获得价值 20。

按此方式继续搜索，得到的搜索空间如图 5.4 所示。

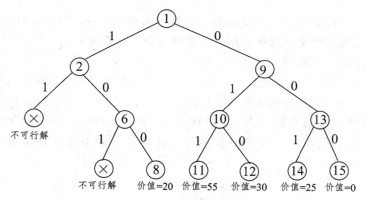

图 5.4　0/1 背包问题的搜索空间

再如，对于 $n=4$ 的 TSP 问题，其代价矩阵如下：

$$C = \begin{pmatrix} \infty & 3 & 6 & 7 \\ 12 & \infty & 2 & 8 \\ 8 & 6 & \infty & 2 \\ 3 & 7 & 6 & \infty \end{pmatrix}$$

从图 5.3 所示解空间树的根节点开始搜索，搜索过程如下：

（1）目标函数初始化为 ∞；

（2）从节点 1 选择第 1 棵子树到节点 2，表示在图中从顶点 1 出发；

（3）从节点 2 选择第 1 棵子树到达节点 3，表示在图中从顶点 1 到顶点 2，路径长度为 3；

（4）从节点 3 选择第 1 棵子树到达节点 4，表示在图中从顶点 2 到顶点 3，路径长度为 3+2=5；

（5）从节点 4 选择唯一的一棵子树到节点 5，表示在图中从顶点 3 到顶点 4，路径长度为 5+2=7，节点 5 是叶子节点，找到了一个可行解，路径为 1→2→3→4→1，路径长度为 7+3=10，目标函数值 10 成为新的下界，也就是目前的最优解；

（6）从节点 5 回溯到节点 4，再回溯到节点 3，选择节点 3 的第 2 棵子树到节点 6，表示在图中从顶点 2 到顶点 4，路径长度为 3+8=11，超过目标函数值 10，因此，对以节点 6 为根的子树实行剪枝。按此方式继续搜索，得到的搜索空间如图 5.5 所示。

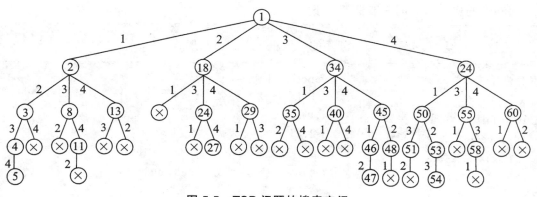

图 5.5　TSP 问题的搜索空间

从上述两个例子可以看出，回溯法的搜索过程涉及的节点(称为搜索空间)只是整个解空间树的一部分，在搜索过程中，通常采用两种策略避免无效搜索：

（1）用约束条件剪去得不到可行解的子树；

（2）用目标函数剪去得不到最优解的子树。这两类函数统称为剪枝函数(pruning function)。

需要注意的是，问题的解空间树是虚拟的，并不需要在算法运行时构造一棵真正的树结构，只需要存储从根节点到当前节点的路径。例如，在 0/1 背包问题中，只需要存储当前背包中装入物品的状态，在 TSP 问题中，只需要存储当前正在生成的路径上经过的顶点。

5.1.3　回溯法的求解过程

由于问题的解向量 $X=(x_1, x_2, \cdots, x_n)$ 中的每个分量 $x_i(1 \leqslant i \leqslant n)$ 都属于一个有限集合 $S_i=\{a_{i1}, a_{i2}, \ldots, a_{iri}\}$，因此，回溯法可以按某种顺序(例如字典序)依次考察笛卡儿积 $S_1 \times S_2 \times \cdots \times S_n$ 中的元素。初始时，令解向量 X 为空，然后，从根节点出发，选择 S_1 的第一个元素作为解向量 X 的第一个分量，即 $x_1=a_{11}$，如果 $X=(x_1)$ 是问题的部分解，则继续扩展解向量 X，选择 S_2 的第一个元素作为解向量 X 的第 2 个分量，否则，选择 S_1 的下一个元素作为解向量 X 的第一个分量，即 $x_1=a_{12}$。以此类推，一般情况下，如果 $X=(x_1, x_2, \cdots, x_i)$ 是问题的部分解，则选择 S_{i+1} 的第一个元素作为解向量 X 的第 $i+1$ 个分量时，有下面 3 种情况：

（1）如果 $X=(x_1, x_2, \cdots, x_{i+1})$ 是问题的最终解，则输出这个解。如果问题只希望得到一个解，就结束搜索，否则继续搜索其他解。

（2）如果 $X=(x_1, x_2, \cdots, x_{i+1})$ 是问题的部分解，则继续构造解向量的下一个分量。

（3）如果 $X=(x_1, x_2, \cdots, x_{i+1})$ 既不是问题的部分解也不是问题的最终解，则存在下面两种情况：

①　如果 $x_{i+1}=a_{i+1k}$ 不是集合 S_{i+1} 的最后一个元素，则令 $x_{i+1}=a_{i+1k+1}$，即选择 S_{i+1} 的下一个元素作为解向量 X 的第 $i+1$ 个分量；

②　如果 $x_{i+1}=a_{i+1k}$ 是集合 S_{i+1} 的最后一个元素，就回溯到 $X=(x_1, x_2, \ldots, x_i)$，选择 S_i 的下一个元素作为解向量 X 的第 i 个分量，假设 $x_i=a_{ik}$，如果 a_{ik} 不是集合 S_i 的最后一个元素，则令 $x_i=a_{ik+1}$；否则，就继续回溯到 $X=(x_1, x_2, \cdots, x_{i-1})$。

回溯法的递归形式的一般框架如下：

回溯法的一般框架——递归形式	
主算法 1. X={}; 2. flag=false; 3. advance(1); 4. if(flag) 输出解 X 　　else 输出"无解";	advance(int k) 1. 对每一个 x∈S$_k$ 循环执行下列操作 　　1.1 x$_k$=x; 　　1.2 将 x$_k$ 加入 X; 　　1.3 if(X 是最终解) flag=true; return; 　　1.4 else if(X 是部分解) advance(k+1);

回溯算法的非递归迭代形式的一般框架如下：

回溯法的一般框架——迭代形式

1. X={}；

2. flag=false；

3. k=1；

4. while(k>=1)

4.1 当(S_k 没有被穷举)循环执行下列操作

4.1.1 $x_k=S_k$ 中的下一个元素；

4.1.2 将 x_k 加入 X；

4.1.3 if(X 为最终解) flag=true；转步骤 5；

4.1.4 else if(X 为部分解) k=k+1；转步骤 4；

4.2 重置 S_k，使得下一个元素排在第 1 位；

4.3 k=k-1；//回溯

5. if flag 输出解 X；

　else 输出"无解"；

5.1.4 回溯法的时间性能

一般情况下，在问题的解向量 $X=(x_1, x_2, \cdots, x_n)$ 中，分量 $x_i(1 \leqslant i \leqslant n)$ 的取值范围为某个有限集合 $S_i=\{a_{i1}, a_{i2}, \cdots, a_{iri}\}$，因此，问题的解空间由笛卡儿积 $A=S_1 \times S_2 \times \cdots \times S_n$ 构成，并且第 1 层的根节点有 $|S_1|$ 棵子树，则第 2 层共有 $|S_1|$ 个节点，第 2 层的每个节点有 $|S_2|$ 棵子树，则第 3 层共有 $|S_1| \times |S_2|$ 个节点，依此类推，第 n+1 层共有 $|S_1| \times |S_2| \times \cdots \times |S_n|$ 个节点，它们都是叶子节点，代表问题的所有可能解。

在用回溯法求解问题时，常常遇到两种典型的解空间树：

（1）子集树(subset trees)：当所给问题是从 n 个元素的集合中找出满足某种性质的子集时，相应的解空间树称为子集树。在子集树中，$|S_1|=|S_2|=\cdots=|S_n|=c$，即每个节点有相同数目的子树，通常情况下 $c=2$，所以，子集树中共有 2^n 个叶子节点，因此，遍历子集树需要 $\Omega(2^n)$ 时间。例如，0/1 背包问题的解空间树是一棵子集树。

（2）排列树(permutation trees)：当所给问题是确定 n 个元素满足某种性质的排列时，相应的解空间树称为排列树。在排列树中，通常情况下，$|S_1|=n$，$|S_2|=n-1$，$\cdots$，$|S_n|=1$，所以，排列树中共有 n! 个叶子节点，因此，遍历排列树需要 $\Omega(n!)$ 时间。例如，TSP 问题的解空间树是一棵排列树。

回溯法实际上属于蛮力穷举法，当然不能指望它有很好的最坏时间复杂性，遍历具有指数阶个节点的解空间树，在最坏情况下，时间代价肯定为指数阶。然而，从本章介绍的几个算法来看，它们都有很好的平均时间性能。回溯法的有效性往往体现在当问题规模 n 很大时，在搜索过程中对问题的解空间树实行大量剪枝。但是，对于具体的问题实例，很难预测回溯法的搜索行为，特别是很难估计出在搜索过程中所产生的节点数，这是分析回溯法的时间性能的主要困难。下面介绍用概率方法估算回溯法所产生的节点数。

- 估算回溯法产生节点数的概率方法的主要思想是：

假定约束函数是静态的(即在回溯法的执行过程中，约束函数不随算法所获得信息的多少而动态改变)，在解空间树上产生一条随机路径，然后沿此路径估算解空间树中满足约束条件的节点总数 m。设 x 是所产生随机路径上的一个节点，且位于解空间树的第 i 层，对于 x 的所有孩子节点，计算出满足约束条件的节点数 m_i，路径上的下一个节点从 x 的满足约束条件的 m_i 个孩子节点中随机选取，这条路径一直延伸，直到叶子节点或者所有孩子节点均不满足约束条件为止。

- 随机路径中含有的节点总数的计算方法是：

假设第 1 层有 m_0 个满足约束条件的节点，每个节点有 m_1 个满足约束条件的孩子节点，则第 2 层上有 $m_0 m_1$ 个满足约束条件的节点；同理，假设第 2 层上的每个节点均有 m_2 个满足约束条件的孩子节点，则第 3 层上有 $m_0 m_1 m_2$ 个满足约束条件的节点，依此类推，第 n 层上有 $m_0 m_1 m_2 \cdots m_{n-1}$ 个满足约束条件的节点，因此，这条随机路径上的节点总数为：$m_0 + m_0 m_1 + m_0 m_1 m_2 + \cdots + m_0 m_1 m_2 \cdots m_{n-1}$。

例如，对于四皇后问题，图 5.6 给出了 4 条随机路径所对应的棋盘状态和产生的节点总数。

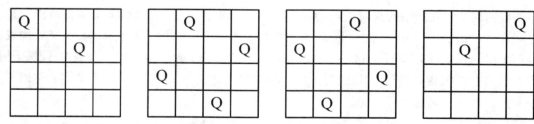

（a）(4,2)=4+4×2=12　（b）(4,1,1,1)=4+4+4+4=16　（c）(4,1,1,1)=4+4+4+4=16　（d）(4,2)=4+4×2=12

图 5.6　四皇后问题的随机路径及路径上节点总数估算示例

在使用概率估算方法估算搜索空间的节点总数时，为了估算得更精确一些，可以选取若干条不同的随机路径(通常不超过 20 条)，分别对各随机路径估算节点总数，然后再取这些节点总数的平均值。例如，图 5.6 所示四皇后问题，搜索空间的节点数取 4 条随机路径节点总数的平均值，结果为 14。而四皇后问题的解空间树中的节点总数为 65，则回溯法求解四皇后问题产生的搜索空间的节点数大约是解空间树中的节点总数的 14/65≈21.5%，这说明回溯法的效率大大高于蛮力穷举法。

5.2 装载问题

1. 描述问题

有一批共 n 个集装箱要装上 2 艘载重量分别为 c_1 和 c_2 的轮船，其中集装箱 i 的重量为 w_i，且 $\sum_{i=1}^{n} w_i \leq c_1 + c_2$，要求确定是否有一个合理的装载方案可将这 n 个集装箱装上这 2 艘轮船。如果有，请给出该方案。

2. 算法

回溯法解装载问题时，用子集树表示解空间最合适。

```
void Backtrack(int t)
{
  if(t>n)
    Output(x);
  else
  {
    for(int i=0;i<z;i++)
    {
      x[t]=i;
      if(Constraint(t) && Bound(t))
            Backtrack(t+1);
    }//for
  }//else
}//Backtrack
```

Maxloading 调用递归函数 Backtrack 实现回溯。Backtrack(i)搜索子集树第 i 层子树。i>n 时，搜索至叶节点，若装载量>bestw，更新 bestw。当 i≤n 时，扩展节点 Z 是子集树内部节点。左儿子节点当 cw+w[i]≤c 时进入左子树，对左子树递归搜索。右儿子节点表示 x[i]=0 的情形。

Backtrack 动态的生成解空间树。每个节点花费 O(1)时间。Backtrack 执行时间复杂度为 O(2n)。另外 Backtrack 还需要额外 O(n)递归栈空间。

可以再加入一个上界函数来剪去已经不含最优解的子树。设 Z 是解空间树第 i 层上的一个当前扩展节点，curw 是当前载重量，maxw 是已经得到的最优载重量，如果能在当前节点确定 curw+剩下的所有载重量≤maxw 则可以剪去些子树。所以可以引入一个变量 r 表示剩余的所有载重量。虽然改进后的算法时间复杂度不变，但是平均情况下改进后算法检查节点数较少。进一步改进：

（1）首先运行只计算最优值算法，计算最优装载量，再运行 backtrack 算法，并在算法中将 bestw 置为 W，在首次到叶节点处终止。

（2）在算法中动态更新 bestw。每当回溯一层，将 x[i]存入 bestx[i]，从而算法更新 bestx

所需时间为 $O(2^n)$。

3. 算法实现

```
int Backtrack(int i)//搜索第 i 层节点
{
    int j_index;
    //如果到达叶节点，则判断当前的 cw，如果比前面得到的最优解 bestw 好，则替换原最
    优解。
    if(i>n)
    {
        if(cw>bestw)
        {
            for(j_index=1;j_index<=n;j_index++)
                bestx[j_index]=x[j_index];
            bestw=cw;
        }//if
        return 1;
    }//if
    //搜索子树
    r-=w[i];
    if(cw+w[i]<=c)//搜索左子树,如果当前剩余空间可以放下当前物品也就是,cw+w[i]<=c
    {
        x[i]=1;
        cw+=w[i];//把当前载重 cw+=w[i]
        Backtrack(i+1);//递归访问其左子树，Backtrack(i+1)
        cw-=w[i];//访问结束，回到调用点，cw-=w[i]
    }
    if(cw+r>bestw)//搜索右子树
    {
        x[i]=0;
        Backtrack(i+1);
    }
    r+=w[i];
}
int Maxloading(int mu[],int c,int n,int *mx)
{
    loading x;
    x.w=mu;
    x.x=mx;
    x.c=c;
    x.n=n;
    x.bestw=0;
    x.cw=0;
    x.Backtrack(1);
    return x.bestw;
}
```

4. 总结

由此，我们可以总结出回溯法的一般步骤：

（1）针对所给问题，定义问题的解空间；

（2）确定易于搜索的解空间结构；

（3）以深度优先方式搜索解空间，并在搜索过程中用剪枝函数避免无效搜索。

通过 DFS 思想完成回溯，完整过程如下：

（1）设置初始化的方案（给变量赋初值，读入已知数据等）。

（2）变换方式去试探，若全部试完则转（7）。

（3）判断此法是否成功（通过约束函数），不成功则转（2）。

（4）试探成功则前进一步再试探。

（5）正确方案还未找到则转（2）。

（6）已找到一种方案则记录并打印。

（7）退回一步（回溯），若未退到头则转（2）。

（8）已退到头则结束或打印无解。

可以看出，回溯法的优点在于其程序结构明确，可读性强，易于理解，而且通过对问题的分析可以大大提高运行效率。但是，对于可以得出明显的递推公式迭代求解的问题，还是不要用回溯法，因为它花费的时间比较长。

5. 附录(源码)

```
#include <stdlib.h>
#include <stdio.h>
#include <iostream.h>
typedef int Status;
typedef int Type;
int n=0; //集装箱数
Type *x=(Type*)malloc((50)*sizeof(Type));//当前解
Type *bestx=(Type*)malloc((50)*sizeof(Type));//当前最优解
Type c=0, //第一艘轮船的载重量
cw=0, //当前载重量
bestw=0, //当前最优载重量
r=0,
*w=(Type*)malloc((50)*sizeof(Type)); //集装箱重量数组
int Backtrack(int i)//搜索第 i 层节点
{
    int j_index;
    //如果到达叶节点，则判断当前的 cw，如果比前面得到的最优解 bestw 好，则替换原
最优解。
    if(i>n)
    {
        if(cw>bestw)
        {
```

```
                for(j_index=1; j_index<=n; j_index++)
                    bestx[j_index]=x[j_index]; bestw=cw;
            }
        return 1;
    }
    //搜索自树
    r-=w[i];
    if(cw+w[i]<=c)//搜索左子树,如果当前剩余空间可以放下当前物品也就是,cw + w[ i ]<= c
    {
        x[i]=1;
        cw+=w[i];//把当前载重  cw += w[ i ]
        Backtrack(i+1);//递归访问其左子树, Backtrack( i + 1 )
        cw-=w[i];//访问结束，回到调用点，  cw - = w[ i ]
    }
    if(cw+r>bestw)//搜索右子树
    {
        x[i]=0;
        Backtrack(i+1);
    }
    r+=w[i];
}

Type* Initiate()
{
    int index=1;
    printf("输入集装箱个数：");
    scanf("%d",&n);
    printf("输入轮船载重量：");
    scanf("%d",&c);
    while(index<=n)//数组从 1 号单元开始存储
    {
        printf("输入集装箱%d 的重量：",index);
        scanf("%d",&w[index]);
        index++;
    }
    bestw = 0;
    cw = 0;
    r = 0;
    for(index =1;index <= n; index++)
```

```
        r += w[index]; //初始时 r 为全体物品的重量和
        printf("n=%d c=%d cw=%d bestw=%d r=%d\n",n,c,cw,bestw,r);
        for(index=1;index<=n;index++)
        {
                printf("w[%d]=%d ",index,w[index]);
        }
        printf("\n");
        return w;
}

int main()
{
        int i;
        Initiate();
        //计算最优载重量
        Backtrack(1);
        for(i=1;i<=n;i++)
        {
                printf("%d ",w[i]);
                printf("%d\n",bestx[i]);
        }
        return bestw;
}
```

5.3 图着色问题

图着色问题描述为：

给定无向连通图 $G=(V，E)$ 和正整数 m，求最小的整数 m，使得用 m 种颜色对 G 中的顶点着色，使得任意两个相邻顶点着色不同。

由于用 m 种颜色为无向图 $G=(V，E)$ 着色，其中，V 的顶点个数为 n，可以用一个 n 元组 $C=(c_1，c_2，\cdots，c_n)$ 来描述图的一种可能着色，其中，$c_i \in \{1，2，\cdots，m\}(1 \leqslant i \leqslant n)$ 表示赋予顶点 i 的颜色。例如，五元组$(1，2，2，3，1)$表示对具有 5 个顶点的无向图的一种着色，顶点 1 着颜色 1，顶点 2 着颜色 2，顶点 3 着颜色 2，如此，等等。如果在 n 元组 C 中，所有相邻顶点都不会着相同颜色，就称此 n 元组为可行解，否则为无效解。用 m 种颜色为一个具有 n 个顶点的无向图着色，就有 m^n 种可能的着色组合，因此，它的解空间树是一棵完全 m 叉树，树中每一个节点都有 m 棵子树，最后一层有 m^n 个叶子节点，每个叶子节点代表一种可能着色。

回溯法求解图着色问题，首先把所有顶点的颜色初始化为 0，然后依次为每个顶点着色。在图着色问题的解空间树中，如果从根节点到当前节点对应一个部分解，也就是所有的颜色指派都没有冲突，则在当前节点处选择第一棵子树继续搜索，也就是为下一个顶点着颜色 1，否则，对当前子树的兄弟子树继续搜索，也就是为当前顶点着下一个颜色，如果所有 *m* 种颜色都已尝试过并且都发生冲突，则回溯到当前节点的父节点处，上一个顶点的颜色被改变，依此类推。

例如，在图 5.7（a）所示的无向图中求解三着色问题，在解空间树中，从根节点出发，搜索第 1 棵子树，即为顶点 A 着颜色 1，再搜索节点 2 的第 1 棵子树，即为顶点 B 着颜色 1，这导致一个不可行解，回溯到节点 2，选择节点 2 的第 2 棵子树，即为顶点 B 着颜色 2，在为顶点 C 着色时，经过着颜色 1 和颜色 2 的失败的尝试后，选择节点 4 的第 3 棵子树，即为顶点 C 着颜色 3，在节点 7 选择第 1 棵子树，即为顶点 D 着颜色 1，但是在为顶点 E 着色时，顶点 E 无论着 3 种颜色的哪一种均发生冲突，于是导致回溯，在节点 7 选择第 2 棵子树也会发生冲突，于是，选择节点 7 的第 3 棵子树，即顶点 D 着颜色 3，在节点 10 选择第 1 棵子树，即为顶点 E 着颜色 1，得到了一个解(1，2，3，3，1)。注意到，解空间树中共有 243 个节点，而回溯法只搜索了其中的 14 个节点后就找到了问题的解。在解空间树中的搜索过程如图 5.7（b）所示。

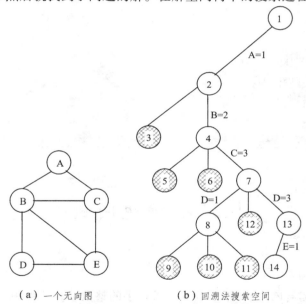

（a）一个无向图　　　　　（b）回溯法搜索空间

图 5.7　回溯法求解图着色问题示例

在回溯法的搜索过程中只需要保存已处理顶点的着色情况，设数组 color[n] 表示顶点的着色情况，回溯法求解 *m* 着色问题的算法如下：

算法 5.1——图着色问题

1. 将数组 color[n]初始化为 0；
2. k=1；

---

3. while(k>=1)

    3.1 依次考察每一种颜色，若顶点 k 的着色与其他顶点的着色不发生冲突，则转步骤 3.2；否则，搜索下一个颜色；

    3.2 若顶点已全部着色，则输出数组 color[n]，返回；

    3.3 否则，

        3.3.1 若顶点 k 是一个合法着色，则 k=k+1，转步骤 3 处理下一个顶点；

        3.3.2 否则，重置顶点 k 的着色情况，k=k-1，转步骤 3 回溯；

假设 n 个顶点的无向图采用邻接矩阵存储，数组 c[n][n]存储顶点之间边的情况，回溯法求解 m 着色问题的算法的 C++描述如下：

算法 5.2——图着色问题

```
void GraphColor(int n，int c[6][6]，int m) //所有数组下标从 1 开始
{
    for(i=1；i<=n；i++) //将数组 color[n]初始化为 0
        color[i]=0；
    k=1；
    while(k>=1)
    {
        color[k]=color[k]+1；
        while(color[k]<=m)
        {
            if(Ok(k)) break；
            else  color[k]=color[k]+1； //搜索下一个颜色
        }
        if(color[k]<=m && k==n){//求解完毕，输出解
            for(i=1；i<=n；i++) cout<<color[i]；
            return；
        }//if
        else if(color[k]<=m && k<n)
            k=k+1； //处理下一个顶点
        else{
            color[k]=0；  k=k-1； //回溯
        } //else
    } //while
} //GraphColor
bool Ok(int k) //判断顶点 k 的着色是否发生冲突
{
    for(i=1；i<k；i++)
        if(c[k][i]==1 && color[i]==color[k]) return false；
    return true；
}
```

5.4　Fire Net

Description

Suppose that we have a square city with straight streets. A map of a city is a square board with n rows and n columns, each representing a street or a piece of wall.

A blockhouse is a small castle that has four openings through which to shoot. The four openings are facing North, East, South, and West, respectively. There will be one machine gun shooting through each opening.

Here we assume that a bullet is so powerful that it can run across any distance and destroy a blockhouse on its way. On the other hand, a wall is so strongly built that can stop the bullets.

The goal is to place as many blockhouses in a city as possible so that no two can destroy each other. A configuration of blockhouses is legal provided that no two blockhouses are on the same horizontal row or vertical column in a map unless there is at least one wall separating them. In this problem we will consider small square cities (at most 4 × 4) that contain walls through which bullets cannot run through.

The following image shows five pictures of the same board. The first picture is the empty board, the second and third pictures show legal configurations, and the fourth and fifth pictures show illegal configurations. For this board, the maximum number of blockhouses in a legal configuration is 5; the second picture shows one way to do it, but there are several other ways.

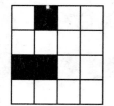 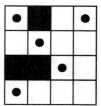 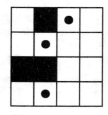 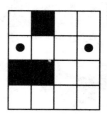 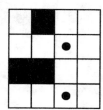

图 5.8　Fire Net

Your task is to write a program that, given a description of a map, calculates the maximum number of blockhouses that can be placed in the city in a legal configuration.

The input file contains one or more map descriptions, followed by a line containing the number 0 that signals the end of the file. Each map description begins with a line containing a positive integer n that is the size of the city; n will be at most 4. The next n lines each describe one row of the map, with a '.' indicating an open space and an uppercase 'X' indicating a wall. There are no spaces in the input file.

For each test case, output one line containing the maximum number of blockhouses that can be placed in the city in a legal configuration.

Sample input

4	2	3	3	4	0
.X..	XX	.X.	...	....	
....	.X	X.X	.XX	....	
XX..		.X.	.XX	....	
....				....	

Sample output

5
1
5
2
4

问题描述：

假设我们有一个方形的城市，其街道都是直的。在方形的地图上，有 n 行和 n 列，每个代表一条街道或者一堵墙。每个碉堡有 4 个射击孔，分别正对东西南北方向。在每个射击孔配备一架高射机枪。

我们假设，子弹是如此强大，它的射程可以任意远，并能摧毁它所击中的碉堡。另外，墙也是很坚固的，足以阻止子弹的摧毁。

问题的目标是，在该城市中布置尽可能多的碉堡，而碉堡之间又不会互相摧毁。合理布置碉堡的原则是，没有两个碉堡在同一个水平方向或垂直方向，除非它们之间有墙相隔。在本题中，假定城市很小（最多 4×4），而且有子弹不能贯穿的墙壁。

图 5.9 给出了 5 个图片。第 1 个图是空的，第 2 和第 3 个图是合理的配置，而第 4 和第 5 个图是非法的配置。

```cpp
#include <iostream>
using namespace std;
char cMap[5][5];
int iBest,n;
bool CanPut(int row,int col)
{
    int i;
    for(i=row-1;i>=0;i--)
    {
        if(cMap[i][col]=='O')
            return false;
        if(cMap[i][col]=='X')
            break;
    }//for
    for(i=col-1;i>=0;i--)
    {
        if(cMap[row][i]=='O')
            return false;
        if(cMap[row][i]=='X')
            break;
    }//for
    return true;
}//CanPut
void solve(int k,int current)
{
    int x,y;
    if(k==n*n)
    {
        if(current>iBest)
        {
            iBest=current;
            return;
        }//if
    }//if
    else
    {
        x=k/n;
        y=k%n;
```

```
                  if(cMap[x][y]=='.' && CanPut(x,y))
                  {
                          cMap[x][y]='O';
                          solve(k+1,current+1);
                          cMap[x][y]='.';
                  }//if
                  solve(k+1,current);
          }//else
}//solve
int main()
{
      int i,j;
      int x;
      while(scanf("%d",&n) && n)
      {
          for(i=0;i<n;i++)
          {
                  for(j=0;j<n;j++)
                          cin>>cMap[i][j];
          }//for
          iBest=0;
          solve(0,0);
          printf("%d\n",iBest);
      }//while
      return 0;
}//main
```

实验 5——0/1 背包问题

1. 实验题目

给定 n 种物品和一个容量为 C 的背包，物品 i 的重量是 w_i，其价值为 v_i，0/1 背包问题是如何选择装入背包的物品(物品不可分割)，使得装入背包中物品的总价值最大？

2. 实验目的

（1）掌握回溯法的设计思想；

（2）掌握解空间树的构造方法，以及在求解过程中如何存储求解路径；

（3）考察回溯法求解问题的有效程度。

3. 实验要求

（1）设计可能解的表示方式，构成解空间树；

（2）设计回溯算法完成问题求解；

（3）设计测试数据，统计搜索空间的节点数。

4. 实现提示

为了便于求解，将物品按单位重量价值从大到小排序，这样只要顺序考察各物品即可。设 bestP 表示当前背包获得的最大价值，背包当前的重量和获得的价值分别用变量 cw 和 cp 表示，物品的重量存储在数组 w[n] 中，价值存储在数组 p[n] 中，算法如下：

```
                     算法 5.3——0/1 背包问题
1. 将各物品按单位重量价值从大到小排序；
2. bestP=0;
3. BackTrack(1);
4. 输出背包的最大价值 bestP;
BackTrack(int i)
1.
if(i>n)
{
    if(bestP<cp)
    bestP=cp;
    return;
}
2.
若(cw+w[i]<=C),则//进入左子树
2.1 cw=cw+w[i];
2.2 cp=cp+p[i];
2.3 BackTrack(i+1);
2.4 cw=cw-w[i];cp=cp-p[i];//回溯,进入右子树
```

阅读材料 5——基于回溯法油管传输射孔排炮算法研究

1 引　言

油管传输射孔是国外从 20 世纪 70 年代发展起来，在 20 世纪 80 年代逐渐完善的一种常用射孔方法，适合同时射开较长井段或多个层段地层。油管传输射孔的基本原理是把一口井

射孔所需全部射孔枪串接在一起，接在油管柱尾端，形成一个硬链接管串下入井中，定位并射孔。

由于油管传输射孔将所有射孔枪串接后下井，所以在夹层井段也有射孔枪，但夹层井段的射孔枪不装弹。如单个产层厚度大于单支射孔枪长度，需要串接多支，在产层中就会出现连接射孔枪的接头，另外，夹层与产层交替出现，射孔枪串联，也会导致在产层中出现射孔枪接头，接头长度一般为 0.1 ~ 0.3 m，接头处不能装弹，产层中出现的射孔枪接头过多会减少射孔数，影响油气井产量，为减少产层中射孔枪接头总长度，射孔枪的串接方案需要进行优化。当射孔井段长、射孔枪系列多时，人工无法完成最优方案的设计，采用计算机暴力计算方法也存在组合爆炸问题，因此需要对算法进行优化。

2 问题分析

射孔枪最优串接方案求解问题的约束是串接总长度不小于油气层总厚度，目标函数是产层中的接头总长度，寻找最优解的过程可以看成分步计算，每步输入为可选枪长度，判断是否满足约束条件并计算目标函数值，目标函数值最小的串接方案即是最优方案。问题的数学模型如下：

（1）由于问题求解只与枪长有关，可将不同的枪抽象成对应长度的线段，用 alPerforatorLength[i] 表示第 i 种枪的枪长，$0 \leqslant i <$ 枪系列数，接头长度包含在枪长中；

（2）由于油气层之上的非生产区域不排炮，只考虑油气井油气层区域，假设井深 WellLength 为油气层总厚度，用 alOPIArea[i] 表示每个产层—夹层接触面处的深度，其中 alOPIArea[0]=0，如图 5.9 所示；

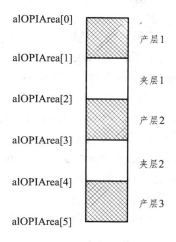

图 5.9 抽象油井结构（The abstracted structure of well）

（3）可行解是多支枪的某个串接方案，用 alCurrentSolution[i] 表示，i 从 0 开始，一共包含 i+1 支枪的序列，alCurrentSolution 各元素的和不应小于 WellLength；

（4）目标函数是数组 alCurrentSolution 中的各个枪按顺序连接后落在 alOPIArea[i] 到

alOPIArea[i+1]之间接头长度的总和，其中 i 为大于等于 0 的偶数。问题是取目标函数值最小的可行解，用数组 alOptSolution 存储当前最优解。

上述问题可以进行暴力计算求解，通过遍历所有可能解，逐一比较从中找到最优解。但是当数据量较大时，会产生遍历路线长、可行解多的问题，导致组合爆炸。即当夹层较多、总油层较厚、枪的系列较多时，采用暴力计算会导致时间复杂度呈几何级数增加。如油层和夹层总厚度为 20 m，枪长系列有 5 种(1，2，3，4，5 m)，上述问题搜索次数将达到 48709441 次。

3 基本算法

根据问题特点，采用回溯法减少搜索次数，缩短运算时间。利用多叉树对问题进行建模，寻找最优解的过程就是从根节点开始遍历多叉树的过程，每找到一个符合目标要求的更优可行解就用当前可行解替代原来的最优解，如果搜索某个分枝时其接头总长度已经超过当前最优解，则停止搜索这个分枝以下的分枝，直接后退一层继续搜索，最后一个更优可行解即是最优解。过程如下：

（1）初始化目标函数下界 MaxNLen 为一个较大值，根据输入的油井结构，构建油井结构 ArrayList 类型数组 alOPIArea，并计算井深 WellLength，把各枪长按从大到小的顺序赋值给 ArrayList 类型数组 alPerforatorLength，初始化用来存放当前可行解和当前最优解的 ArrayList 类型数组 alCurrentSolution 和 alOptSolution。

（2）按顺序从小到大从 alPerforatorLength 里取出一个枪长值，添加到数组 alCurrentSolution 中;若 alPerforatorLength 中的值都已取完，就从 alCurrentSolution 中去掉最后一个枪长，向上一层回溯，重复此步骤;若已经回溯到顶层，无法继续回溯，回溯过程结束，跳至步骤(4)。

（3）将 alCurrentSolution 的目标函数值跟 MaxNLen 比较，(a)若大于等于 MaxNLen，则说明当前方案的目标代价不小于当前最优解的代价，放弃此方案，从 alCurrentSolution 里去掉刚才添加的枪长，跳至步骤(2)进行回溯; (b)若目标函数值小于 MaxNLen 且当前 alCurrentSolution 中总枪长小于 WellLength，说明当前方案还不是可行方案，跳至步骤(2)继续搜索可行解;(c)若目标函数值小于 MaxNLen 且当前 alCurrentSolution 总枪长大于等于 WellLength，说明 alCurrentSolution 已是一个可行解，且其代价比当前最优解代价小，用此可行解替换当前最优解作为新的最优解，把 alCurrentSolution 的值赋给 alOptSolution，更新 MaxNLen 为当前可行解目标函数值，从 alCurrentSolution 中去掉刚才添加的枪长，跳至步骤(2)进行回溯，继续寻找更好的最优解。

（4）回溯过程结束，数组 alOptSolution 保存的方案就是问题的最优解，最小代价是 MaxNLen。步骤(2)、(3)是一个递归过程。

4 算法优化

因为约束条件检查和目标函数的计算在多叉树上的每一个节点上都要进行，因此回溯法的计算时间主要用在约束条件检查和目标函数的计算上。对于本问题，可行解约束条件的检查要比目标函数的计算简单，可以通过对算法进行优化减少目标函数的计算时间。优化方法如下：

（1）设置变量 CurrentLength 表示当前 alCurrentSolution 总枪长，当向 alCurrentSolution 添加一支枪时，CurrentLength 就加上该枪长度，alCurrentSolution 去掉一支枪时，CurrentLength 就减去该枪长度，避免 alCurrentSolution 的求和计算。CurrentLength 在计算可行解约束条件和目标函数值中都会用到，通过优化可以减少目标函数和约束条件的计算时间。

（2）设置变量 iCurrentLayer 表示当前搜索的产层，iCurrentLayer 中保存的是数组 alOPIArea 的序号，在判断当前添加的枪所产生的一个接头是否在产层里时，可以直接从 iCurrentLayer 处开始查找，若接头在产层里则更新 iCurrentLayer，若不在则不变，以便下一次检查。

（3）设置 ArrayList 类型数组 alCurrentSolutionNLen 用来保存当前 alCurrentSolution[i]处的目标函数值，alCurrentSolution[i]处的目标函数值就可以用 alCurrentSolutionNLen[i-1]再加一个增量即可求得，将目标函数的计算简化成增量的计算。

（4）MaxNLen 初始化时要尽可能的小，以便对多叉树进行更多的剪枝，减少不必要可行解的产生。MaxNLen 初始值产生的思想是根据产层数据估算出现在产层接头总长度理论最小值，先初始化 MaxNLen=0，然后逐个分析各产层厚度，用产层厚度除以最长枪长度，最后乘以单个接头长度，将得到的值累加到 MaxNLen，得到接头总长度下限 MaxNLen 的初始化值。为了确保此理论值不会小于实际值，再给 MaxNLen 加几个接头长度作为 MaxNLen 的初始值，使用人员可以根据问题的复杂度决定具体加上几个接头长度。

（5）限制可行解产生个数 MaxOptSltCount。当问题很复杂时，利用回溯法计算可能也存在组合爆炸问题，实际问题只需要找到一个相对较优解，可以设置一个计数器，用来计数可行解产生的个数，当计数器达到预定的 MaxOptSltCount 时，就停止继续寻找最优解，这样可以减少搜索次数，防止长时间不能得到运算结果。

参考文献

[1] 陈汶滨等.基于回溯法油管传输射孔排炮算法研究[J].西南石油大学学报(自然科学版)，2010，32:176-178.

习题 5

一、填空题

1. 回溯法一般以 ___深度___ 优先的方式搜索解空间树，而分支限界法则一般以（ ___广度___ ）优先或以最小耗费优先的方式搜索解空间树。

2. 在利用回溯法求解问题时都要求所有的解满足一组综合约束条件，这些约束条件可分为两种类型__约束条件__、__目标函数__。

二、应用题

1. 用递归函数设计图着色问题的回溯算法。

```
解答：
void BackTrack(int k)
{
    if(k>=1)
    {
        color[k]=color[k]+1;
        while(color[k]<=m)
        {
            if(Ok(k))
                break;
            else
                color[k]=color[k]+1;//搜索下一个颜色
        }//while
        if(color[k]<=m)
        {
            if(k==n)
            {
                //求解完毕，输出解
                for(int i=1;i<=n;i++)
                    cout<<color[i]<<" ";
                return;
            }//if
            else if(k<n)
                BackTrack(k+1);//处理下一个顶点
        }//if
        else
        {
            color[k]=0;
            BackTrack(k-1);//回溯
        }//else
    }//if
}//BackTrack
```

2. 对图 5.10 使用回溯法求解图着色问题，画出生成的搜索空间。

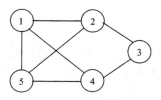

图 5.10　第 2 题图

解答：

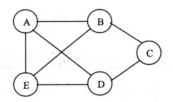

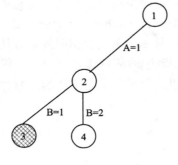

着色结果为(1，2，1，2，3)

第6章　分支限界法

回溯法按深度优先策略遍历问题的解空间树，在遍历过程中，应用约束条件、目标函数等剪枝函数实行剪枝。分支限界法(branch and bound method)按广度优先策略遍历问题的解空间树，在遍历过程中，对已经处理的每一个节点根据限界函数估算目标函数的可能取值，从中选取使目标函数取得极值(极大或极小)的节点优先进行广度优先搜索，从而不断调整搜索方向，尽快找到问题的解。因为限界函数常常是基于问题的目标函数而确定的，所以，分支限界法适用于求解最优化问题。

6.1　概　述

6.1.1　解空间树的动态搜索

回溯法从根节点出发，按照深度优先策略遍历问题的解空间树。例如，对 0/1 背包问题的搜索，如果某节点所代表的部分解不满足约束条件（即超过背包容量），则对以该节点为根的子树实行剪枝；否则，继续按深度优先策略遍历以该节点为根的子树。这种遍历过程一直进行，当搜索到一个满足约束条件的叶子节点时，就找到了一个可行解。对整个解空间树的遍历结束后，所有可行解中价值最大的就是问题的最优解。回溯法求解 0/1 背包问题，虽然实行剪枝减少了搜索空间，但是，整个搜索过程是按深度优先策略机械地进行，所以，这种搜索是盲目的。

再如，对 TSP 问题的搜索，首先将目标函数的界初始化为最大值，在搜索过程中，如果某节点代表的部分解超过目标函数的界，则对以该节点为根的子树实行剪枝；否则，继续按深度优先策略遍历以该节点为根的子树。这种目标函数的界只有在找到了一个可行解（即第一个叶子）后才有意义，以后的搜索相对来说才有了方向。所以，从搜索的整个过程来看，这种搜索仍然是盲目的。

分支限界法首先确定一个合理的限界函数，并根据限界函数确定目标函数的界[down, up]（对于最小化问题，根据限界函数确定目标函数的下界 down，目标函数的上界 up 可以用某种启发式方法得到，例如贪心法。对于最大化问题，根据限界函数确定目标函数的上界 up，目标函数的下界 down 可以用某种启发式方法得到）。然后，按照广度优先策略遍历问题的解空间树，在分支节点上，依次搜索该节点的所有孩子节点，分别估算这些孩子节点的目标函数的可能取值（对于最小化问题，估算节点的下界；对于最大化问题，估算节点的上界），如果某孩子节点的目标函数可能取得的值超出目标函数的界，则将其丢弃，因为从这个节点生成的解不会比目前已经得到的解更好；否则，将其加入待处理节点表(以下简称表 PT 中)。依次从表 PT 中选取使目标函数的值取得极值（对于最小化问题，是极小值；对于最大化问题，是极大值）的节点成为当前扩展节点，重复上述过程，直到找到最优解。

随着这个遍历过程的不断深入，表 PT 中所估算的目标函数的界越来越接近问题的最优解。当搜索到一个叶子节点时，如果该节点的目标函数值是表 PT 中的极值（对于最小化问题，是极小值；对于最大化问题，是极大值），则该叶子节点对应的解就是问题的最优解；否则，根据这个叶子节点调整目标函数的界(对于最小化问题，调整上界；对于最大化问题，调整下界)，依次考察表 PT 中的节点，将超出目标函数界的节点丢弃，然后从表 PT 中选取使目标函数取得极值的节点继续进行扩展。

下面以 0/1 背包问题为例介绍分支限界法的搜索过程。假设有 4 个物品，其重量分别为（4，7，5，3），价值分别为（40，42，25，12），背包容量 $W=10$。首先，将给定物品按单位重量价值从大到小排序，结果见表 6.1（为了突出重点，这里很特殊）。

表 6.1　0/1 背包问题的价值/重量排序结果

物品	价值(v)	重量(w)	价值/重量(v/w)
1	40	4	10
2	42	7	6
3	25	5	5
4	12	3	4

这样，第 1 个物品给出了单位重量的最大价值，最后一个物品给出了单位重量的最小价值。应用贪心法求得近似解为（1，0，1，0），获得的价值为 65，这可以作为 0/1 背包问题的下界。（0/1 背包问题具有最优子结构性质，用贪心法求得的已经是最优解了，没有必要用分支限界法，这里举例不典型）

如何求得 0/1 背包问题的一个合理的上界呢?考虑最好情况，背包中装入的全部是第 1 个物品且可以将背包装满（这只是估算，相当于假设最有价值的物品 1 的重量刚好为 10，装入的价值就一定是最大的，实际上是 4，剩下的要用其它物品），则可以得到一个非常简单的上界的计算方法：$ub=W\times(v_1/w_1)=10\times10=100$。于是，得到了目标函数的界[65，100]。也就是说，装入背包的价值，不可能比 65 小，也不可能比 100 大，只可能是大于等于 65 和小于等于 100 这个范围内。超出这个范围就要限界丢弃。

一般情况下，解空间树中第 i 层的每个节点，都代表了对物品 1~i 做出的某种特定选择，这个特定选择由从根节点到该节点的路径唯一确定：左分支表示装入物品，右分支表示不装入物品。对于第 i 层的某个节点，假设背包中已装入物品的重量是 w，获得的价值是 v，计算该节点的目标函数上界的一个简单方法是把已经装入背包中的物品取得的价值 v，加上背包剩余容量 $W-w$ 与剩下物品的最大单位重量价值 v_{i+1}/w_{i+1} 的积，于是，得到限界函数：

$$ub=v+(W-w)\times(v_{i+1}/w_{i+1}) \tag{6.1}$$

分支限界法求解 0/1 背包问题，其搜索空间如图 6.1 所示，具体的搜索过程如下：

（1）在根节点 1，没有将任何物品装入背包，因此，背包的重量和获得的价值均为 0，根据限界函数计算节点 1 的目标函数值为 $ub=0+(10-0)\times(40/4)=100$。

（2）在节点 2，将物品 1 装入背包，因此，背包的重量为 4，获得的价值为 40，4<10，且目标函数值为 40+(10 − 4)×(42/7)=76，65<76，故将节点 2 加入待处理节点表 PT 中；在节点 3，没有将物品 1 装入背包，因此，背包的重量和获得的价值仍为 0，目标函数值为 0+(10 − 0)×(42/7)=60，60<65，故将节点 3 丢弃。

（3）在表 PT 中选取目标函数值取得极大的节点 2 优先进行搜索。

（4）在节点 4，将物品 2 装入背包，因此，背包的重量为 11，不满足约束条件，将节点 4 丢弃；在节点 5，没有将物品 2 装入背包，因此，背包的重量和获得的价值与节点 2 相同，4<10，且目标函数值为 40+(10 − 4)×(25/5)=70>65(下界)，故将节点 5 加入表 PT 中。

（5）在表 PT 中选取目标函数值取得极大的节点 5 优先进行搜索。(且是活节点，节点 4 已经是死节点了)

（6）在节点 6，将物品 3 装入背包，因此，背包的重量为 4+5=9<10，获得的价值为 40+25=65，目标函数值为 65+(10 − 9)×(12/3)=69>65(下界)，将节点 6 加入表 PT 中；在节点 7，没有将物品 3 装入背包，因此，背包的重量和获得的价值与节点 5 相同，目标函数值为 40+(10 − 4)×(12/3)=64<65(下界)，将节点 7 丢弃。

（7）在表 PT 中选取目标函数值取得极大的节点 6 优先进行搜索。

（8）在节点 8，将物品 4 装入背包，因此，背包的重量为 9+3=12>10，不满足约束条件，将节点 8 丢弃；在节点 9，没有将物品 4 装入背包，因此，背包的重量和获得的价值与节点 6 相同，目标函数值为 65+(10 − 9)×0=65。

（9）由于节点 9 是叶子节点，同时节点 9 的目标函数值是表 PT 中的极大值，所以，节点 9 对应的解即是问题的最优解(因为叶子节点的目标函数值就是问题的解，比如 65+(10 − 9)×0=65，如果是表 PT 中的极大值，说明其它节点出发扩展的解一定比 65 小)，搜索结束。

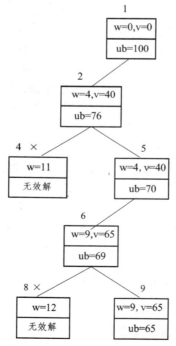

(×表示该节点被丢弃，节点上方的序号表示搜索顺序)

图 6.1 分支限界法求解 0/1 背包问题示例

从 0/1 背包问题的搜索过程可以看出，与回溯法相比，分支限界法可以根据限界函数不断调整搜索方向，选择最有可能取得最优解的子树优先进行搜索，从而尽快找到问题的解(上界有什么用呢？优先选取目标函数值取得极大进行搜索，但不一定是最快得到问题的最优解，因为还有约束条件)。

6.1.2　分支限界法的设计思想

假设求解最大化问题，问题的解向量为 $X=(x_1, x_2, \cdots, x_n)$，其中，$x_i$ 的取值范围为某个有穷集合 S_i，$|S_i|=r_i(1 \leqslant i \leqslant n)$。在使用分支限界法搜索问题的解空间树时，首先根据限界函数估算目标函数的界[down，up]，然后从根节点出发，扩展根节点的 r_1 个孩子节点，从而构成分量 x_1 的 r_1 种可能的取值方式。对这 r_1 个孩子节点分别估算可能取得的目标函数值 bound(x_1)，其含义是以该孩子节点为根的子树所可能取得的目标函数值不大于 bound(x_1)，也就是部分解应满足：

$$\text{bound}(x_1) \geqslant \text{bound}(x_1, x_2) \geqslant \cdots \geqslant \text{bound}(x_1, x_2, \cdots, x_n)$$

若某孩子节点的目标函数值超出目标函数的界，则将该孩子节点丢弃；否则，将该孩子节点保存在待处理节点表 PT 中。从表 PT 中选取使目标函数取得极大值的节点作为下一次扩展的根节点，重复上述过程，当到达一个叶子节点时，就得到了一个可行解 $X=(x_1, x_2, \cdots, x_n)$ 及其目标函数值 bound($x_1, x_2, \cdots, x_n$)。如果 bound($x_1, x_2, \cdots, x_n$)是表 PT 中目标函数值最大的节点，则 bound($x_1, x_2, \cdots, x_n$)就是所求问题的最大值，$(x_1, x_2, \cdots, x_n)$就是问题的最优解；如果 bound($x_1, x_2, \cdots, x_n$)不是表 PT 中目标函数值最大的节点，说明还存在某个部分解对应的节点，其上界大于 bound($x_1, x_2, \cdots, x_n$)。于是，用 bound($x_1, x_2, \cdots, x_n$)调整目标函数的下界，即令 down=bound($x_1, x_2, \cdots, x_n$)，并将表 PT 中超出目标函数下界 down 的节点删除，然后选取目标函数值取得极大值的节点作为下一次扩展的根节点，继续搜索，直到某个叶子节点的目标函数值在表 PT 中最大。

分支限界法求解最大化问题的一般过程如下：

分支限界法的一般过程

1. 根据限界函数确定目标函数的界[down，up]；
2. 将待处理节点表 PT 初始化为空；
3. 对根节点的每个孩子节点 x 执行下列操作
　　3.1 估算节点 x 的目标函数值 value；
　　3.2 若(value>down)，则将节点 x 加入表 PT 中；
4. 循环直到某个叶子节点的目标函数值在表 PT 中最大
　　4.1 i=表 PT 中值最大的节点；
　　4.2 对节点 i 的每个孩子节点 x 执行下列操作
　　　　4.2.1 估算节点 x 的目标函数值 value；

应用分支限界法的关键问题是：

（1）如何确定合适的限界函数

分支限界法在遍历过程中根据限界函数估算某节点的目标函数的可能取值。好的限界函数不仅计算简单，还要保证最优解在搜索空间中，更重要的是能在搜索的早期对超出目标函数界的节点进行丢弃，减少搜索空间，从而尽快找到问题的最优解。有时，对于具体的问题实例需要进行大量实验，才能确定一个合理的限界函数。

（2）如何组织待处理节点表

为了能在待处理节点表 PT 中选取使目标函数取得极值(极大或极小)的节点时提高查找效率，表 PT 可以采用堆的形式，也可以采用优先队列的形式存储。

（3）如何确定最优解中的各个分量

分支限界法对问题的解空间树中节点的处理是跳跃式的，回溯也不是单纯地沿着双亲节点一层一层向上回溯，因此，当搜索到某个叶子节点且该叶子节点的目标函数值在表 PT 中最大时(假设求解最大化问题)，求得了问题的最优值，但是，却无法求得该叶子节点对应的最优解中的各个分量。这个问题可以用如下方法解决：

① 对每个扩展节点保存根节点到该节点的路径；

例如，图 6.1 所示 0/1 背包问题，为了对每个扩展节点保存根节点到该节点的路径，将部分解$(x_1, \cdots, x_i)$和该部分解的目标函数值都存储在待处理节点表 PT 中，在搜索过程中表 PT 的状态如图 6.2 所示。

（a）扩展根节点后表PT的状态　　　　　（b）扩展节点 2 后表PT的状态

（c）扩展节点 5 后表PT的状态　　　　　（d）扩展节点 6 后表PT的状态，最优解为(1,0,1,0)65

图 6.2　方法①确定 0/1 背包问题最优解的各分量

② 在搜索过程中构建搜索经过的树结构，在求得最优解时，从叶子节点不断回溯到根节点，以确定最优解中的各个分量。

例如，图 6.1 所示 0/1 背包问题，为了在搜索过程中构建搜索经过的树结构，设一个表 ST，在表 PT 中取出最大值节点进行扩充时，将最大值节点存储到表 ST 中，表 PT 和表 ST 的数据结构为(物品 $i-1$ 的选择结果，<物品 i，物品 i 的选择结果>ub)，在搜索过程中表 PT 和表 ST 的状态如图 6.3 所示。

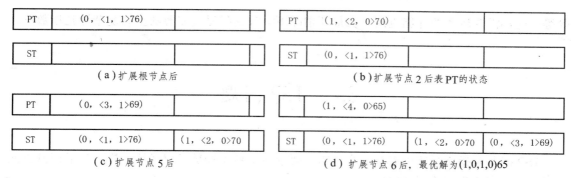

图 6.3　方法②确定 0/1 背包问题最优解的各分量

在扩展节点 6 求得最优值 65 时，可知物品 4 没有被装入背包，而物品 3 被装入背包，在表 ST 中回溯，物品 2 没有被装入背包，物品 1 被装入背包，回溯所经过的路线是：1，<4，0>65→0，<3，1>69→1，<2，0>70→0，<1，1>76。

6.1.3　分支限界法的时间性能

一般情况下，在问题的解向量 $X=(x_1, x_2, \cdots, x_n)$ 中，分量 $x_i(1 \leq i \leq n)$ 的取值范围为某个有限集合 $S_i=\{a_{i1}, a_{i2}, \cdots, a_{iri}\}$，因此，问题的解空间由笛卡儿积 $A=S_1 \times S_2 \times \cdots \times S_n$ 构成，并且第 1 层的根节点有 $|S_1|$ 棵子树，则第 2 层共有 $|S_1|$ 个节点，第 2 层的每个节点有 $|S_2|$ 棵子树，则第 3 层共有 $|S_1| \times |S_2|$ 个节点，依此类推，第 $n+1$ 层共有 $|S_1| \times |S_2| \times \cdots \times |S_n|$ 个节点，它们都是叶子节点，代表问题的所有可能解。

分支限界法和回溯法实际上都属于蛮力穷举法，当然不能指望它有很好的最坏时间复杂性，遍历具有指数阶个节点的解空间树，在最坏情况下，时间复杂性肯定为指数阶。与回溯法不同的是，分支限界法首先扩展解空间树中的上层节点，并采用限界函数，有利于实行大范围剪枝；同时，根据限界函数不断调整搜索方向，选择最有可能取得最优解的子树优先进行搜索。所以，如果选择了节点的合理扩展顺序以及设计了一个好的限界函数，分支界限法可以快速得到问题的解。

分支限界法可以对许多组合问题的较大规模的输入实例在合理的时间内求解。然而，对于具体的问题实例，很难预测分支限界法的搜索行为，无法从实质上预先判定：哪些实例可以在合理的时间内求解，哪些实例不能在合理的时间内求解。

分支限界法的较高效率是以付出一定代价为基础的，其工作方式也造成了算法设计的复杂性。

首先，一个更好的限界函数通常需要花费更多的时间计算相应的目标函数值，而且对于具体的问题实例，通常需要进行大量实验，才能确定一个好的限界函数；

其次，由于分支限界法对解空间树中节点的处理是跳跃式的，因此，在搜索到某个叶子节点得到最优值时，为了从该叶子节点求出对应的最优解中的各分量，需要对每个扩展节点保存该节点到根节点的路径，或者在搜索过程中构建搜索经过的树结构，这使得算法的设计较为复杂。

最后，算法要维护一个待处理节点表 PT，并且需要在表 PT 中快速查找取得极值的节点，等等。这都需要较大的存储空间，在最坏情况下，分支限界法需要的空间复杂性是指数阶。

6.2 TSP 问题

TSP 问题是指旅行家要旅行 n 个城市，要求各个城市经历且仅经历一次，然后回到出发城市，并要求所走的路程最短。

图 6.4(a)所示是一个带权无向图，(b)是该图的代价矩阵。

对图 6.4 所示无向图采用贪心法(最近邻点策略)求得近似解为 $1 \to 3 \to 5 \to 4 \to 2 \to 1$，其路径长度为 1+2+3+7+3=16，这可以作为 TSP 问题的上界。如何求得 TSP 问题的一个合理的下界呢？把矩阵中每一行最小的元素相加，可以得到一个简单的下界，其路径长度为 1+3+1+3+2=10，但是还有一个信息量更大的下界：(上界越小越好，下界越大越好；这里上界是一个可行解，下界却不是，是一个估算解)

考虑一个 TSP 问题的完整解，在每条路径上，每个城市都有两条邻接边，一条是进入这个城市的，另一条是离开这个城市的，那么，如果把矩阵中每一行最小的两个元素相加再除以 2，如果图中所有的代价都是整数，再对这个结果向上取整，就得到了一个合理的下界。

需要强调的是，这个解并不是一个合法的选择(可能没有构成哈密顿回路)，它仅仅给出了一个参考下界。对图 6.4 所示的无向图，目标函数的下界是：$lb = ((1+3) + (3+6) + (1+2) + (3+4) + (2+3))/2 = 14$。于是，得到了目标函数的界[14，16]。下界用于优先选择，上界用于剪枝。

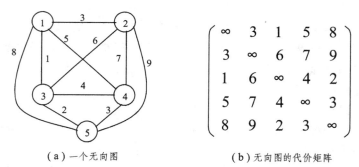

（a）一个无向图　　　　　　　（b）无向图的代价矩阵

图 6.4　无向图及其代价矩阵

某条路径的一些边被确定后，就可以并入这些信息并计算部分解的目标函数值的下界。一般情况下，对于一个正在生成的路径，假设已确定的顶点集合 $U = (r_1, r_2, \cdots, r_k)$，即路径上已确定了 k 个顶点，此时，该部分解的目标函数值的计算方法如下：

$$lb = (2\sum_{i=1}^{k-1} c[r_i][r_{i+1}] + \sum_{r_i \in U} r_i \text{行不在路径上的最小元素} + \sum_{r_j \notin U} r_j \text{行最小的两个元素})/2 \qquad (6.2)$$

例如，图 6.4 所示为无向图，如果部分解包含边(1，4)，即 U=(1，4)，k=2，r_1=1，r_2=4 则该部分解的下界是

$$lb = (2\sum_{i=1}^{2-1}c[r_i][r_{i+1}] + \sum_{r_i \in \{r_1, r_2\}} r_i\text{行不在路径上的最小元素} + \sum_{r_j \notin \{r_1, r_2\}} r_j\text{行最小的两个元素})/2$$

$$lb = (2\sum_{i=1}^{1}c[r_i][r_{i+1}] + \sum_{r_i \in \{1,4\}} r_i\text{行不在路径上的最小元素} + \sum_{r_j \notin \{1,4\}} r_j\text{行最小的两个元素})/2$$

$$lb = (2\sum_{i=1}^{1}c[r_i][r_{i+1}] + \sum_{r_i \in \{1,4\}} r_i\text{行不在路径上的最小元素} + \sum_{r_j \in \{2,3,4\}} r_j\text{行最小的两个元素})/2$$

$$lb = (2c[r_1][r_2] + \sum_{r_i \in \{1,4\}} r_i\text{行不在路径上的最小元素} + \sum_{r_j \in \{2,3,4\}} r_j\text{行最小的两个元素})/2$$

$$lb = (2c[1][4] + 1\text{行不在路径上的最小元素} + 4\text{行不在路径上的最小元素} + 2\text{行最小的两个元素} + 3\text{行最小的两个元素} + 5\text{行最小的两个元素})/2$$

$$lb = (2 \times 5 + 1 + 3 + (3+6) + (1+2) + (2+3))/2 = 16$$

应用分支限界法求解图 6.4 所示无向图的 TSP 问题，其搜索空间如图 6.5 所示，具体的搜索过程如下(加黑表示该路径上已经确定的边)：

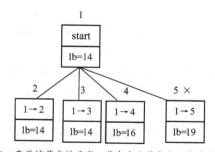

(× 表示该节点被丢弃，节点上方数字表示搜索顺序)

图 6.5 分支限界法求解 TSP 问题示例

（1）在根节点 1，根据限界函数计算目标函数的值为：

$$lb = ((1+3) + (3+6) + (1+2) + (3+4) + (2+3))/2 = 14$$

（2）在节点 2，从城市 1 到城市 2，路径长度为 3，目标函数的值为：

$$(2 \times 3 + (1+6) + (1+2) + (3+4) + (2+3))/2 = 14$$

∵14≤16，∴将节点 2 加入待处理节点表 PT 中；

在节点 3，从城市 1 到城市 3，路径长度为 1，目标函数的值为：

$$((1+3)+(3+6)+(1+2)+(3+4)+(2+3))/2=14，$$

∵14≤16，∴将节点 3 加入表 PT 中；

在节点 4，从城市 1 到城市 4，路径长度为 5，目标函数的值为：

$$((1+5)+(3+6)+(1+2)+(3+5)+(2+3))/2=16$$

∵16≤16，∴将节点 4 加入表 PT 中；

在节点 5，从城市 1 到城市 5，路径长度为 8，目标函数的值为：

$$((1+8)+(3+6)+(1+2)+(3+5)+(2+8))/2=19$$

∵19>16，超出目标函数的界，∴将节点 5 丢弃。∵如果选择了从城市 1 到城市 5，以后不考虑约束条件，都选择最好的，将导致以后的路径长度为 19 都比 16 大。

（3）在表 PT 中选取目标函数值极小的节点 2 优先进行搜索。

（4）在节点 6，从城市 2 到城市 3，目标函数值为：$(2×6+(3+1)+(1+3)+(3+4)+(2+3))/2=16$，∵16≤16，∴将节点 6 加入表 PT 中；

在节点 7，从城市 2 到城市 4，目标函数值为：$(2×7+(3+3)+(1+3)+(1+2)+(2+3))/2=16$，∵16≤16，∴将节点 7 加入表 PT 中；

在节点 8，从城市 2 到城市 5，目标函数值为：$(2×9+(3+2)+(1+3)+(1+2)+(3+4))/2=19$，∵19>16，∴超出目标函数的界，将节点 8 丢弃。

（5）在表 PT 中选取目标函数值极小的节点 3 优先进行搜索。

（6）在节点 9，从城市 3 到城市 2，目标函数值为：$((1+3)+(3+6)+(1+6)+(3+4)+(2+3))/2=16$，将节点 9 加入表 PT 中；

在节点 10，从城市 3 到城市 4，目标函数值为：$((1+3)+(3+6)+(1+4)+(3+4)+(2+3))/2=15$，将节点 10 加入表 PT 中；

在节点 11，从城市 3 到城市 5，目标函数值为：$((1+3)+(3+6)+(1+2)+(3+4)+(2+3))/2=14$，将节点 11 加入表 PT 中。

（7）在表 PT 中选取目标函数值极小的节点 11 优先进行搜索。

（8）在节点 12，从城市 5 到城市 2，目标函数值为：$((1+3)+(3+9)+(1+2)+(3+4)+(2+9))/2=19$，超出目标函数的界，将节点 12 丢弃；

在节点 13，从城市 5 到城市 4，目标函数值为：$((1+3)+(3+6)+(1+2)+(3+4)+(2+3))/2=14$，将节点 13 加入表 PT 中。

（9）在表 PT 中选取目标函数值极小的节点 13 优先进行搜索。

（10）在节点 14，从城市 4 到城市 2，目标函数值为：$((1+3)+(3+7)+(1+2)+(3+7)+(2+3))/2=16$，最后从城市 2 回到城市 1，目标函数值为：$((1+3)+(3+7)+(1+2)+(3+7)+(2+3))/2=16$，由于节点 14 为叶子节点，得到一个可行解，其路径长度为 16。(其路径刚好是各最小边？由于其目标函数值还不是最小的，故还不能肯定就是最优解)

（11）在表 PT 中选取目标函数值极小的节点 10 优先进行搜索。

（12）在节点15，从城市4到城市2，目标函数值为：((1+3)+(3+7)+(1+4)+(7+4)+(2+3))/2=18，超出目标函数的界，将节点15丢弃；

在节点16，从城市4到城市5，目标函数值为：((1+3)+(3+6)+(1+4)+(3+4)+(2+3))/2=15，将节点16加入表PT中。

（13）在表PT中选取目标函数值极小的节点16优先进行搜索。

（14）在节点17，从城市5到城市2，目标函数的值为：((1+3)+(3+9)+(1+4)+ (3+4)+ (9+3))/2=20，超出目标函数的界，将节点17丢弃。

（15）表PT中目标函数值均为16，且有一个是叶子节点14，所以，节点14对应的解 $1\to3\to5\to4\to2\to1$ 即是TSP问题的最优解，搜索过程结束。

为了对每个扩展节点保存根节点到该节点的路径，将部分解$(x_1, \ldots, x_i)$和该部分解的目标函数值都存储在待处理节点表PT中，在搜索过程中表PT的状态如图6.6所示。

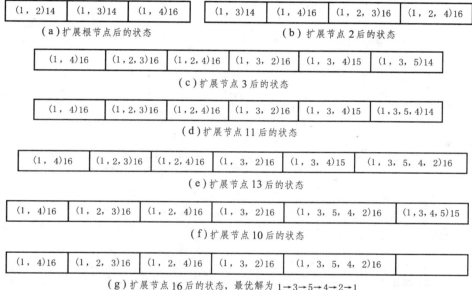

图6.6　TSP问题最优解的确定

设数组 x[n]存储路径上的顶点，分支限界法求解TSP问题的算法用伪代码描述如下：

算法 6.1——TSP 问题

1. 根据限界函数计算目标函数的下界 down；采用贪心法得到上界 up；

2. 将待处理节点表 PT 初始化为空；

3. for(i=1；i<=n；i++)

x[i]=0；

4. k=1；x[1]=1；//从顶点 1 出发求解 TSP 问题

5. while(k>=1)

5.1 i=k+1；

5.2 x[i]=1；

5.3 while(x[i]<=n)

5.3.1 如果路径上顶点不重复，则

5.3.1.1 根据式 6.2 计算目标函数值 lb；

5.3.1.2 if(lb<=up)将路径上的顶点和 lb 值存储在表 PT 中；

5.3.2 x[i]=x[i]+1；

5.4 若 i==n 且叶子节点的目标函数值在表 PT 中最小则将该叶子节点对应的最优解输出；

5.5 否则，若 i==n，则在表 PT 中取叶子节点的目标函数值最小节点的 lb，令 up=lb，将表 PT 中目标函数值 lb 超出 up 的节点删除；

5.6 k=表 PT 中 lb 最小的路径上顶点个数；

算法 6.1——TSP 问题的实现：

```cpp
#include <iostream>
using namespace std;
const int n=5;
#define X INT_MAX
int w[n+1][n+1]=
{
    {X, X, X, X, X, X},
    {X, X, 3, 1, 5, 8},
    {X, 3, X, 6, 7, 9},
    {X, 1, 6, X, 4, 2},
    {X, 5, 7, 4, X, 3},
    {X, 8, 9, 2, 3, X}
};//代价矩阵，从下标 1 开始
bool changed;
typedef struct Point
{
    int r[n+1];
    int lb;
    int k;
}Point;
Point best;
typedef struct PointTable
{
```

```cpp
    Point elem[10];
    int length;
}PointTable;
PointTable PT;
int x[n+1];
int k;
void InitPT(PointTable &);
void min2(int *a, int n, int &x, int &y);
int down();
int nearestNeighbor();
void PTDelete(int);
void PTDelete(int i)
{
    for(int j=i+1;j<=PT.length;j++)
    {
        PT.elem[j-1]=PT.elem[j];
    }//for
    PT.length--;
}//PTDelete
void min2(int *a, int n, int &x, int &y)
{
    //在大小为 n 的一维数组中求最小的 x 和次最小的 y
    x=a[0], y=a[1];
    if(x>y)
    {
        swap(x, y);
    }
    for(int i=2;i<n;i++)
    {
        if(a[i]<x)
        {
            y=x;
            x=a[i];
        }//if
        else if(a[i]<y)
        {
            y=a[i];
        }
    }//for
```

```
}//min2

int down()
{
    int t[n+1];
    for(int i=1;i<=k;i++)
    {
        t[i]=w[x[i]][x[i+1]];
    }//for
    for(i=1;i<=k;i++)
    {
        w[x[i]][x[i+1]]=0;
        w[x[i+1]][x[i]]=0;
    }//for
    int m1, m2, lb=0;
    for(i=1;i<=n;i++)
    {
        min2(w[i], n+1, m1, m2);
        lb+=m1+m2;
    }//for
    int sum=0;
    for(i=1;i<=k;i++)
    {
        sum+=t[i];
    }//for
    lb+=2*sum;
    if(lb%2!=0)
        lb++;
    lb/=2;
    for(i=1;i<=k;i++)
    {
        w[x[i]][x[i+1]]=t[i];
        w[x[i+1]][x[i]]=t[i];
    }//for
    return lb;
}//down

int nearestNeighbor()
{
```

```
    //贪心法：最近邻接策略
    int cost=0，e=0，u=1，v，visited[6]={0};
    visited[1]=1;
    while(e<n-1)
    {
        //包含 n-1 条边
        int min=INT_MAX;
        for(int col=1;col<=n;col++)
        {
            if(!visited[col] && w[u][col]<min)
            {
                min=w[u][col];
                v=col;
            }//if
        }//for
        visited[v]=1;
        cost+=min;
        e=e+1;
        u=v;
    }//while
    cost=cost+w[u][1];//回到出发城市
    return cost;
}//nearestNeighbor
```

```
void InitPT(PointTable &PT)
{
    PT.length=0;
}//init

bool isRepeat()
{
    //k 为当前层
    for(int i=1;i<=k;i++)
    {
        if(x[i]==x[k+1])
        {
            return true;
        }//if
    }//for
    return false;
```

```
}//isRepeat
#include "branchBound.h"
void save(int lb, int i)
{
    if(i<5)
    {
        PT.length++;
        memcpy(PT.elem[PT.length].r, x, sizeof(x));
        PT.elem[PT.length].lb=lb;
        PT.elem[PT.length].k=k+1;
    }//if
    else
    {
        if(lb<best.lb)
        {
            changed=true;
            memcpy(best.r, x, sizeof(x));
            best.lb=lb;
            best.k=k+1;
        }//if
    }//else
}//save
bool isMin()
{
    if(best.k==0)
    {
        return false;
    }//if
    else
    {
        int min=PT.elem[1].lb;
        for(int i=2;i<=PT.length;i++)
        {
            if(PT.elem[i].lb<min)
            {
                min=PT.elem[i].lb;
            }//if
        }//for
        if(best.lb<=min)
        {
            return true;
        }//if
```

```
                else
                    return false;
        }//else
}//isMin
void del(int up)
{
    int j=1;
    int length=0;
    for(int i=1;i<=PT.length;i++)
    {
        if(PT.elem[i].lb<=up)
        {
            if(i==j)
            {
                j++;
                length++;
            }//if
            else
            {
                PT.elem[j]=PT.elem[i];
                j++;
                length++;
            }//else
        }//if
    }//for
    PT.length=length;
}//del
int MinPT()
{
    int minlb=PT.elem[1].lb;
    int minindex=1;
    for(int i=1;i<=PT.length;i++)
    {
        if(PT.elem[i].lb<minlb)
        {
            minlb=PT.elem[i].lb;
            minindex=i;
        }//if
    }//for
    return minindex;
}//Locate
void Output()
```

```
{
     cout<<best.lb<<endl;
     for(int i=1;i<=n;i++)
     {
          cout<<best.r[i]<<" ";
     }
     cout<<endl;
}//Output
int main()
{
     //采用贪心法求一个可行解，其路径长度可以作为 TSP 问题的上界
     int up=nearestNeighbor();
     InitPT(PT);
     best.lb=up+1;
     best.k=0;
     for(int i=0;i<=n;i++)
          x[i]=0;
     k=1;
     x[1]=1;//从顶点 1 出发求解 TSP 问题
     while(k>=1)
     {
          i=k+1;
          x[i]=1;
          changed=false;
          while(x[i]<=n)
          {
               if(!isRepeat())
               {
                    //如果路径上顶点不重复，则根据式 6.2 计算目标函数值 lb;

                    int lb=down();
                    if(lb<=up)
                    {
                         //if(lb<=up)将路径上的顶点和 lb 值存储在表 PointTable 中;

                         save(lb，i);
                    }//if
               }//if
               x[i]+=1;
          }//while
          if(isMin())
          {
```

```
                //若 i==n 且叶子节点的目标函数值在表 PointTable 中最小则将该叶子节点对
应的最优解输出；
                Output();
                break;
        }//if
        else
        {
                if(changed)
                {
                        //否则，若 i==n，则在表 PointTable 中取叶子节点的目标函数值最小节
点的 lb,
                        //令 up=lb，将表 PointTable 中目标函数值 lb 超出 up 的节点删除；
                        up=best.lb;
                        del(up);
                }//if
                int lbMinIndex=MinPT();
                k=PT.elem[lbMinIndex].k;//k=表 PointTable 中 lb 最小的路径上顶点个数；
                memcpy(x，PT.elem[lbMinIndex].r，sizeof(PT.elem[lbMinIndex].r));
                PTDelete(lbMinIndex);
        }//else
    }//while
    return 0;
}//main
```

6.3　电路布线问题

　　印刷电路板将布线区域划分成 $n \times n$ 个方格阵列，要求确定连接方格 a 到方格 b 的最短布线方案。在布线时，电路只能沿直线或直角布线，为了避免线路相交，已布了线的方格做了封锁标记，其他线路不允许穿过被封锁的方格。

　　用队列式分支限界法来考虑布线问题。布线问题的解空间是一个图，则从起始位置 a 开始将它作为第一个扩展节点。与该扩展节点相邻并可达的方格成为可行节点被加入到活节点队列中，并且将这些方格标记为 1，即从起始方格 a 到这些方格的距离为 1。接着，从活节点队列中取出队首节点作为下一个扩展节点，并将与当前扩展节点相邻且未标记过的方格标记为 2，并存入活节点队列。这个过程一直继续到算法搜索到目标方格 b 或活节点队列为空时为止。

　　在实现上述算法时，定义一个表示电路板上方格位置的类型 Position。它的 2 个成员 row 和 col 分别表示方格所在的行和列。在方格处，布线可沿右、下、左、上 4 个方向进行。沿

这 4 个方向的移动分别记为 0，1，2，3。下表中，offset[i].row 和 offset[i].col(i=0，1，2，3)分别给出沿这 4 个方向前进 1 步相对于当前方格的相对位移。

移动 i	方向	offset[i].row	offset[i].col
0	右	0(行不变)	1(列加 1)
1	下	1(行加 1)	0(列不变)
2	左	0(行不变)	−1(列减 1)
3	上	−1(行减 1)	0(列不变)

用二维数组 grid 表示所给的方格阵列。初始时，grid[i][j]=0，表示该方格允许布线，而grid[i][j]=1 表示该方格被封锁，不允许布线。一个 7×7 方格阵列布线如下：

起始位置是 a=(3，2)，目标位置是 b=(4，6)，阴影方格表示被封锁的方格。当算法搜索到目标方格 b 时，将目标方格 b 标记为从起始位置 a 到 b 的最短距离。此例中， a 到 b 的最短距离是 9。

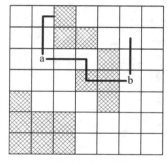

（a）标记距离　　　　　　　　　（b）最短布线路径

图 6.7

VC++6.0 代码如下：

```
#include <iostream>
using namespace std;
#define m 6
#define n 6
int grid[9][9]=
{
    //          V
    //    0, 1, 2, 3, 4, 5, 6, 7, 8
/*0*/   {1, 1, 1, 1, 1, 1, 1, 1, 1}, //0
/*1*/   {1, 0, 0, 1, 0, 0, 0, 0, 1}, //1
/*2*/   {1, 0, 0, 1, 1, 0, 0, 0, 1}, //2
/*3->*/ {1, 0, 1, 0, 0, 1, 0, 0, 1}, //3
/*4*/   {1, 0, 0, 0, 1, 1, 0, 0, 1}, //4
```

```
/*5*/      {1, 1, 0, 0, 0, 1, 0, 0, 1}, //5
/*6*/      {1, 1, 1, 1, 0, 0, 0, 0, 1}, //6
/*7*/      {1, 1, 1, 1, 0, 0, 0, 0, 1}, //7
/*8*/      {1, 1, 1, 1, 1, 1, 1, 1, 1} //8
};
typedef struct
{
    int row;
    int col;
}Position;
Position offset[4]=
{
    {0, 1}, //右
    {1, 0}, //下
    {0, -1}, //左
    {-1, 0}//上
};
Position here, nbr;
Position Q[49];
int f=0, r=0;
int FindPath(Position start, Position finish, int &PathLen, Position path[10])
{
    //计算从起始位置 start 到目标位置 finish 的最短布线路径，找到返回 1，否则，返回 0
    int i;
    if((start.row==finish.row) && (start.col==finish.col))
    {
        PathLen=0;
        return 0;
    }
    here.row=start.row;
    here.col=start.col;
    do
    {
        for(i=0;i<4;i++)
        {
            nbr.row=here.row+offset[i].row;
            nbr.col=here.col+offset[i].col;
            if(grid[nbr.row][nbr.col]==0)
            {
```

```
                            //该方格未标记
                            grid[nbr.row][nbr.col]=grid[here.row][here.col]+1;
                            if((nbr.row==finish.row) && (nbr.col==finish.col))
                                 goto label;//完成布线
                            Q[r]=nbr;
                            r++;
                    }//if
            }//for
            if(r-f==0)
                    return 0;
            f++;
            here=Q[f];
        }while(1);
        //构造最短布线路径
label:
        {
            for(int i=1;i<8;i++)
            {
                    for(int j=1;j<8;j++)
                    {
                            printf("%4d", grid[i][j]);
                    }
                    cout<<endl;
            }
        }
        PathLen=grid[finish.row][finish.col]-1;
        here=finish;
        for(int j=PathLen-1;j>=0;j--)
        {
            //找前驱位置
            path[j]=here;
            for(i=0;i<4;i++)
            {
                    nbr.row=here.row+offset[i].row;
                    nbr.col=here.col+offset[i].col;
                    if(grid[nbr.row][nbr.col]==j+1)
                            break;
            }
            here=nbr;//向前移动
```

```
    }
    return 1;
}
void main()
{
    int PathLen;
    Position start, finish, path[10];
    start.row=3;
    start.col=2;
    finish.row=4;
    finish.col=6;
    FindPath(start, finish, PathLen, path);
}
```

运行结果：

　　程序中函数 FindPath 的功能是找到最短布线路径。首先给原方格阵列加一道"围墙"，即加封锁标记，然后初始化相对位移，即下一个节点相对于当前活节点的方向。运用 do-while 循环来分别从不同的方向找当前节点的相邻节点，并将其与目标节点 finish 作比较，若为目标节点，则跳出循环，完成布线；否则将其加入活节点队列。再从活节点队列中取出节点作为新的活节点，并又重复上述步骤，直到找到 finish 节点为止。最后利用 for 循环构造最短布线路径。为了方便，方格 a 初始化为 1，而不是 0。

实验 6——电路布线问题

1. 实验题目

　　印刷电路板将布线区域划分成 $n \times n$ 个方格。精确的电路布线问题要求确定连接方格 a 到方格 b 的最短布线方案。在布线时，电路只能沿着直线或直角布线，也就是不允许线路交叉。

2. 实验目的

　　（1）进一步掌握分支限界法的设计思想，掌握限界函数的设计技巧；
　　（2）考察分支限界法求解问题的有效程度，并与回溯法进行对比；

（3）理解这样一个观点：好的限界函数不仅计算简单，还要保证最优解在搜索空间中，更重要的是能在搜索的早期对超出目标函数界的节点进行丢弃，减少搜索空间，从而尽快找到问题的最优解。

3. 实验要求

（1）对电路布线问题建立合理的模型，通过实验确定一个合理的限界函数；
（2）设计算法实现电路布线问题；
（3）设计测试数据，统计搜索空间的节点数。

4. 实现提示

图 6.8（a）所示是一块准备布线的电路板。在布线时，电路只能沿直线或直角布线。为了避免线路相交，已布线的方格做了封锁标记（图中用阴影表示），其他线路不允许穿过被封锁的方格。

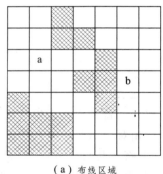
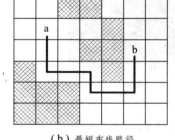

（a）布线区域　　　　　　　（b）最短布线路径

图 6.8　印刷电路板及其最短布线路径

用分支限界法求解电路布线问题，从起始方格 a 开始作为根节点，与起始位置 a 相邻且可达的方格成为可行节点，连同从起始方格到这个方格的距离 1 加入待处理节点表 PT 中（可用队列存储表 PT）。然后，从表 PT 中取出队首节点成为下一个扩展节点，将与当前扩展节点相邻且可达的方格连同从起始方格到这个方格的距离 2 加入表 PT 中。重复上述过程，直到达到目标方格 b 或表 PT 为空。

阅读材料6——分支限界法在游戏地图寻径中的应用

1 引 言

在图论中，寻径问题通常是人们研究的热点之一，其所要解决的问题是如何从图中找到一条从起点（A）到目标点（B）的通路。在游戏中，精灵从一个位置（A）移动到另外一个位置（B），就必须找出 A 到 B 之间的通路，因为 AB 之间的直接连线可能会穿过障碍物，而精灵不能穿透障碍物。精灵的移动在游戏中又非常普遍，所以游戏地图的寻径算法就成了游戏中一个至关重要的基础性算法，对它的研究与应用具有重要的理论与现实意义，目前的寻径算法有 Dijkstra 算法和宽度优先搜索、深度优先搜索以及启发式搜索，本文提出了一种基于宽度优先直接标记路径的分支限界路径搜索算法，最多使用 $O(nm+L)$ 的时间完成最短路径搜索，能很好地适应中小型地图中复杂地形的寻径要求，对其他寻径算法的设计也具有一定的参考价值。为了说明本文的算法，首先简要介绍一下游戏地图和其他几个算法。

2 游戏地图

在游戏软件中，地图一般由一块块小的方格图片拼接而成的，组成地图图片的元素被称为"瓷砖"(tile)，地图编辑器将一些可能不同的瓷砖按一定的规则铺成一张完整的地图，并将它按预定的规则保存在地图文件中。游戏运行过程中，当切换到某个场景时，先读取对应的地图文件，根据文件中的数据，把瓷砖显示在屏幕对应的位置上，游戏精灵在地图上行走时，应随时判断从起始点 A 到目标点 B 是否可通，一般情况下有两种状态，可通和不可通，如图 6.9 和图 6.10 所示，▲代表从起始点到目标点所走的路径。

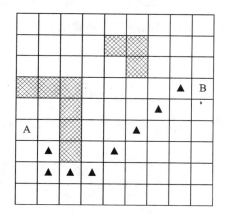

图 6.9 起始点 A 和目标点 B 之间可通

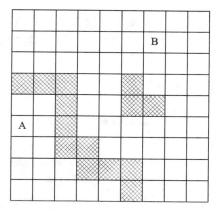

图 6.10 起始点 A 和目标点 B 之间不可通

3 宽度和深度优先搜索

3.1 宽度优先搜索

宽度优先搜索算法向各个方向散开搜索，先访问距离一个单元的节点，然后是距离两个单元的节点，一般借助队列来实现，表示如下：

```
void BreadthFirstSearch(NODE r)
{
    NODE s; //used to scan
    QUEUE q; //this is a first in frist out structure FIFO
    Empty(q); //empty the queue
```

```
    Visit(r); //visit the node
    Mark(r);
    Insert Q(r，q); //insert the node r into the queqe
    while(q is not empty)
    {
        NODE n=remove Q(q);
        for(each unmarked NODE s adjacent to n)
        {
            Visit(s); //visit the node
            Mark(s);
            Insert Q(s，q); //insert the node s into the queue
        }//end for
    }//end while
}//end BreadthfirstSearch
```

宽度优先算法基本上搜索了从起点到目标点之间所有可能的路径，导致随着地图尺寸的增加和障碍物的位置的变化，计算量随指数级增长。

3.2　深度优先搜索

深度优先搜索是沿着一个方向一直搜索直到无路可走或是找到目标点，然后接着搜索下一个方向，算法如下：

```
void DepthFirstSearch(NODE r)
{
    NODE s; //used to scan
    Visit(r); //visit and mark the root node
    Mark(r);
    //now scan along from root all the nodes adjacent
    while(there is an unvisited vertex s adjacent to r)
    {
        DepthFirstSearch(s);
    } //end while
} //end DepthFirstSearch
```

深度优先算法找到的路径往往不是最短路径或最直接的路径，该方法运气好的话，能较快找到一条路径，但地图如果比较复杂，该方法可能会偏离目标，导致盲目徘徊。

习题 6

1. 应用算法 6.1 求解如图 6.10 所示的 TSP 问题。

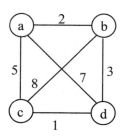

图 6.10　第 1 题图

解：

采用贪心法得到上界 up=2+3+1+5=11

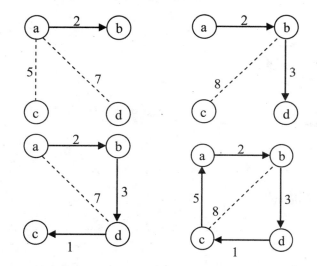

根据限界函数计算目标函数的下界 down=((2+5)+(2+3)+(1+5)+(1+3))/2=11

于是，得到了目标函数的界[11，11]。显然此 TSP 问题的最优解是 a→b→d→c→a ，最优值是 11。

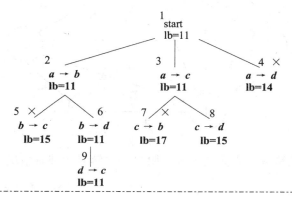

2. 在分支限界法求解 TSP 问题中，为了对每个扩展节点保存根节点到该节点的路径，请设计待处理节点表 PT 的数据结构。

解：

```
typedef struct Point
{
    int r[n+1];
    int lb;
    int k;
}Point;
typedef struct PointTable
{
    Point elem[10];
    int length;
}PointTable;
```

3. 旅行售货员问题（即 TSP 问题）。要求：
（1）说明所使用的算法策略；
（2）写出算法实现的主要步骤；
（3）分析算法的时间、空间复杂性。

解：分支限界法
采用贪心法得到上界 up
根据限界函数计算目标函数的下界 down
……

4. 有如下城市网络图：

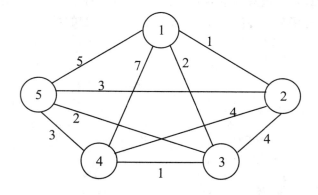

试分别画出用回溯法或优先队列式分支限界法求解时的搜索情况。

解：优先队列式分支限界法求解时的搜索情况
采用贪心法得到上界 up=1+3+2+1+7=14

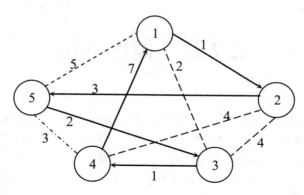

根据限界函数计算目标函数的下界 down=((1+2)+(1+3)+(1+2)+(1+3)+(2+3))/2=9.5
于是，得到了目标函数的界[9.5，14]。近似解为 1→2→5→3→4→1 ，其路径长度为 14。

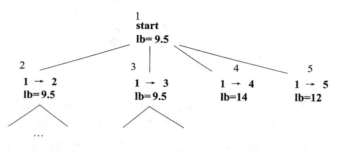

第7章 概率算法

前面讨论的算法设计技术都是针对确定性算法，即算法的每一步都明确指定下一步该如何进行，对于任何合理的输入，确定性算法都必须给出正确的输出。概率算法(probabilistic algorithm)把"对于所有合理的输入都必须给出正确的输出"这一求解问题的条件放宽，允许算法在执行过程中随机选择下一步该如何进行，同时允许结果以较小的概率出现错误，并以此为代价，获得算法运行时间的大幅度减少。

7.1 概 述

假设你意外地得到了一张藏宝图，但是，可能的藏宝地点有两个，要到达其中一个地点，或者从一个地点到达另一个地点都需要 5 天的时间。你需要 4 天的时间解读藏宝图，得出确切的藏宝位置，但是一旦出发后就不允许再解读藏宝图。更麻烦的是，有另外一个人知道这个藏宝地点，每天都会拿走一部分宝藏。不过，有一个小精灵可以告诉你如何解读藏宝图，它的条件是，需要支付给它相当于知道藏宝地点的那个人 3 天拿走的宝藏。如何做才能得到更多的宝藏呢？

假设你得到藏宝图时剩余宝藏的总价值是 x，知道藏宝地点的那个人每天拿走宝藏的价值是 y，并且 $x>9y$，可行的方案有：

（1）用 4 天的时间解读藏宝图，用 5 天的时间到达藏宝地点，可获宝藏价值 $x-4y-5y=x-9y$；

（2）接受小精灵的条件，用 5 天的时间到达藏宝地点，可获宝藏价值 $x-5y$，但需付给小精灵宝藏价值 $3y$，最终可获宝藏价值 $x-5y-3y=x-8y$；

（3）投掷硬币决定首先前往哪个地点，如果发现地点是错的，就前往另一个地点。这样，你就有一半的机会获得宝藏价值 $x-5y$，另一半的机会获得宝藏价值 $x-5y-5y=x-10y$，所以，最终可获宝藏价值 $(x-5y)/2+(x-10y)/2=[(x-5y)+(x-10y)]/2=x-7.5y$。

当面临一个选择时，如果计算正确选择的时间大于随机地确定一个选择的时间，那么，就应该随机选择一个。同样，当算法在执行过程中面临一个选择时，有时候随机地选择算法的执行动作可能比花费时间计算哪个是最优选择要好。

7.1.1　概率算法的设计思想

概率算法把"对于所有合理的输入都必须给出正确的输出"这一求解问题的条件放宽，把随机性的选择注入算法中，在算法执行某些步骤时，可以随机地选择下一步该如何进行，同时允许结果以较小的概率出现错误，并以此为代价，获得算法运行时间的大幅度减少。如果一个问题没有有效的确定性算法可以在一个合理的时间内给出解答，但是，该问题能接受小概率的错误，那么，采用概率算法就可以快速找到这个问题的解。

例如，判断表达式 $f(x_1, x_2, \cdots, x_n)$ 是否恒等于 0。概率算法首先生成一个随机 n 元向量 $(r_1, r_2, \cdots, r_n)$，并计算 $f(r_1, r_2, \cdots, r_n)$ 的值，如果 $f(r_1, r_2, \cdots, r_n) \neq 0$，则 $f(x_1, x_2, \cdots, x_n)$ 不恒等于 0；如果 $f(r_1, r_2, \cdots, r_n) = 0$，则或者 $f(x_1, x_2, \cdots, x_n)$ 恒等于 0，或者是 $(r_1, r_2, \cdots, r_n)$ 比较特殊，如果这样重复几次，继续得到 $f(r_1, r_2, \cdots, r_n) = 0$ 的结果，那么就可以得出 $f(x_1, x_2, \cdots, x_n)$ 恒等于 0 的结论，并且测试的随机向量越多，这个结果出错的可能性就越小。

在算法中增加这种随机性的因素，通常可以引导算法快速地求解问题，概率算法所需要的执行时间和空间，经常小于同一问题的已知最佳确定性算法，而且，概率算法的实现通常都比较简单，也比较容易理解。

一般情况下，概率算法具有以下基本特征：

（1）概率算法的输入包括两部分，一部分是原问题的输入，另一部分是一个供算法进行随机选择的随机数序列(random numbers sequence)；

（2）概率算法在运行过程中，包括一处或若干处随机选择，根据随机值来决定算法的运行；

（3）概率算法的结果不能保证一定是正确的，但可以限定其出错概率；

（4）概率算法在不同的运行中，对于相同的输入实例可以有不同的结果，因此，对于相同的输入实例，概率算法的执行时间可能不同。

对所求解问题的同一输入实例运行同一概率算法求解两次可能得到完全不同的效果，这两次求解所需要的时间，甚至所得到的结果可能会有相当大的差别，有时候允许概率算法产生错误的结果。只要在任意输入实例上发生错误的概率适当小，就可以在给定实例上多次运行算法，换言之，一旦概率算法失败了，只需要重新启动算法，就又有成功的希望。概率算法的另一个好处是，如果存在一个以上的正确答案，则运行几次概率算法后，就有可能得到几个不同的答案。

对于确定性算法，通常分析在平均情况下以及最坏情况下的时间复杂性。对于概率算法，通常分析在平均情况下以及最坏情况下的期望(expected)时间复杂性，即由概率算法反复运行同一输入实例所得的平均运行时间。

需要强调的是，"随机"并不意味着"随意"，如果要在多个值中进行选择，那么随机的含义是选择每一个值的概率是已知的并且是可控制的，在计算机中是通过随机数发生器来实现。

7.1.2　随机数发生器

在概率算法中，需要有一个随机数发生器产生随机数序列，以便在算法的运行过程中，按照这个随机数序列进行随机选择。因此，随机数的产生在概率算法的设计中起着很重要的作用。

有不同的方法可以产生具有随机选取性质的数。由于用系统的方法产生的数不可能真正是随机的，就称为**伪随机数**。

最常用的产生伪随机数的过程称为**线性同余法**。我们选择 4 个数：模数 m，乘数 a，增量 c 和种子数 x_0，使 $2 \leqslant a < m$，及 $0 \leqslant x_0 < m$。我们生成一个伪随机数序列 $\{x_n\}$ 使得对所有 n，$0 \leqslant x_n < m$。生成的办法是逐次同余：

$$x_{n+1} = (ax_n + c) \bmod m \quad （这是个递归定义的例子）$$

不少计算机试验都要求产生 0 和 1 之间的伪随机数。要得到这样的数，可以用模数除线性同余生成器产生的数，即使用 x_n/m。

例如选 $m=9$，$a=7$，$c=4$ 和 $x_0=3$，产生的伪随机数序列如下：

3，7，8，6，1，2，0，4，5，3，7，8，6，1，2，0，4，5，3，…

用线性同余生成器 $x_{n+1}=(7x_n+4) \bmod 9$ 和种子数 $x_0=3$ 产生的伪随机数序列是什么？

x_0	x_1
3	7
7	8
8	6
6	1
1	2
2	0
0	4
4	5
5	3
3	7
7	8
8	6
6	1
1	2
2	0
0	4
4	5
5	3
3	7
7	8
8	6

这个序列含 9 个不同的数，然后重复。

大部分计算机的确使用线性同余生成器产生伪随机数。常使用的线性同余生成器的增量 $c=0$。这样的生成器称为**纯乘式生成器**。例如以 $2^{31} - 1 = 2147483647$ 为模，以 $7^5 = 16807$ 为乘数的纯乘式生成器就广为采用。可以证明以这些值来计算，会产生 $2^{31} - 2 = 2147483646$ 个伪随机数，然后开始重复。

下面给出利用 C++语言中的随机函数 rand()产生的分布在任意区间[a..b]上的随机数算法。

算法 7.1——随机数发生器

```
#include <iostream>
#include <ctime>
```

```
using namespace std;
int Random(int a, int b)
{
    //Random(a, b)产生[a, b]之间的随机整数
    return rand()%(b-a+1)+a; //rand()产生[0, 32767)之间的随机整数
}//Random
void main()
{
    srand(time(NULL));
    int j=Random(0, 3);//[0..3]
}//main
```

Variables	
Context: main()	
Name	**Value**
j	3

7.2　舍伍德(Sherwood)型概率算法

　　分析确定性算法在平均情况下的时间复杂性时，通常假定算法的输入实例满足某一特定的概率分布。事实上，很多算法对于不同的输入实例，其运行时间差别很大。例如快速排序算法，假设输入实例是等概率均匀分布，其时间复杂性是 $O(n\log_2 n)$，而当输入实例基本有序时，其时间复杂性达到 $O(n^2)$。此时，可以采用舍伍德型概率算法来消除算法的时间复杂性与输入实例间的这种联系。

　　如果一个确定性算法无法直接改造成舍伍德型概率算法，可借助于随机预处理技术，即不改变原有的确定性算法，仅对其输入实例随机排列(称为洗牌)，同样可以收到舍伍德型概率算法的效果。假设输入实例为整型，下面的随机洗牌算法可在线性时间实现对输入实例的随机排列。

算法 7.2——随机洗牌

```
#include <iostream>
#include <ctime>
using namespace std;
int Random(int a, int b)
{
    //Random(a, b)产生[a, b]之间的随机整数
    return rand()%(b-a+1)+a; //rand()产生[0, 32767)之间的随机整数
}//Random
```

```
void RandomShuffle(int n，int r[])
{
    //随机洗牌
    srand(time(NULL));
    for(int i=0;i<n;i++)
    {
        int j=Random(0，n-1);
        swap(r[i]，r[j]);//r[i]←→r[j];
    }//for
}//RandomShuffle
void main()
{
    int r[]={13，27，56，78};
    RandomShuffle(4，r);
}//main
```

舍伍德型概率算法总能求得问题的一个解，并且所求得的解总是正确的。但与其相对应的确定性算法相比，舍伍德型概率算法的平均时间复杂性没有改进。换言之，舍伍德型概率算法不是避免算法的最坏情况行为，而是设法消除了算法的不同输入实例对算法时间性能的影响，对所有输入实例而言，舍伍德型概率算法的运行时间相对比较均匀，其时间复杂性与原有的确定性算法在平均情况下的时间复杂性相当。

7.2.1　选择问题

设无序序列 $T=(r_1，r_2，\cdots，r_n)$，T 的第 $k(1 \leq k \leq n)$ 小元素定义为 T 按升序排列后在第 k 个位置上的元素。给定一个序列 T 和一个整数 k，寻找 T 的第 k 小元素的问题称为选择问题。特别地，将寻找第 $n/2$ 小元素的问题称为中位数问题。

考虑快速排序中的划分过程，选定一个轴值将序列 $r_i \sim r_j$ 进行划分，使得比轴值小的元素都位于轴值的左侧，比轴值大的元素都位于轴值的右侧，假定轴值的最终位置是 s，则：

（1）若 $k=s$，则 r_s 就是第 k 小元素；

（2）若 $k<s$，则第 k 小元素一定在序列 $r_i \sim r_{s-1}$ 中；

（3）若 $k>s$，则第 k 小元素一定在序列 $r_{s+1} \sim r_j$ 中；

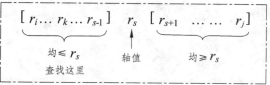 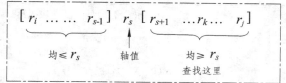

图 7.1　轴值与第 k 小元素之间的关系

所以，选择问题的时间性能同快速排序一样，其核心在于一次划分中选择合适的轴值作为划分的基准。如果轴值是序列 T 的中位数，则一次划分后将待查找区间减少一半；如果轴值是序列 T 的最小(或最大)记录，则一次划分后，只能将待查找区间减少一个；最坏情况下，退化为顺序查找。

舍伍德型概率算法在一次划分之前，根据随机数在待划分序列中随机确定一个记录作为轴值，并把它与第一个记录交换，则一次划分后得到期望均衡的两个子序列，使得选择问题在最坏情况下的时间性能趋近于平均情况的时间性能。

算法 10.3——选择问题

```cpp
#include <iostream>
#include <ctime>
using namespace std;
int Random(int a, int b)
{
    //Random(a, b)产生[a, b]之间的随机整数
    return rand()%(b-a+1)+a;//rand()产生[0, 32767)之间的随机整数
}//Random
void RandomShuffle(int n, int r[])
{
    for(int i=0;i<n;i++)
    {
        int j=Random(0, n-1);
        swap(r[i], r[j]);//r[i]←—→r[j];
    }//for
}//RandomShuffle
int Partition(int r[], int first, int end)
{
    int i=first, j=end;//初始化
    while(i<j)
    {
        while(i<j&&r[i]<=r[j])
        {
            j--;//右侧扫描
        }//while
        if(i<j)
        {
```

```
                swap(r[i], r[j]);//将较小记录交换到前面
                i++;
            }//if
            while(i<j&&r[i]<=r[j])
            {
                i++;//左侧扫描
            }//while
            if(i<j)
            {
                swap(r[i], r[j]);//将较大记录交换到后面
                j--;
            }//if
        }//while
        return i;//i 为轴值记录的最终位置
}//Partition
int Select(int r[], int low, int high, int k)
{
    int i, s;
    if(low==high||high-low+1<k)//数组长度小于 k
    {
        return r[high];
    }//if
    else
    {
        i=Random(low, high);//在区间[low, high]中随机选取一个元素, 下标为 i
    }//else
    swap(r[low], r[i]);//r[low]←→r[i];
    s=Partition(r, low, high);//进行一次划分, 得到轴值的位置 s
    if(k==s)
    {
        return r[s];//元素 r[s]就是第 k 小元素
    }//if
    else if(k<s)
    {
        return Select(r, low, s-1, k);//在前半部分继续查找
    }//else if
    else
    {
        return Select(r, s+1, high, k);//在后半部分继续查找
    }//else
}//Select
void main()
{
```

```
//int r[]={0，6，13，19，23，31，35，58};
int r[]={0，58，31，19，23，13，35，6};
srand(time(NULL));
Select(r，1，7，2);
}//main
```

7.3　拉斯维加斯(LasVegas)型概率算法

拉斯维加斯型概率算法不时地做出可能导致算法陷入僵局的选择，并且算法能够检测是否陷入僵局，如果是，算法就承认失败。这种行为对于一个确定性算法是不能接受的，因为这意味着它不能解决相应的问题实例。但是，拉斯维加斯型概率算法的随机特性可以接受失败，只要这种行为出现的概率不占多数。当出现失败时，只要在相同的输入实例上再次运行概率算法，就又有成功的可能。拉斯维加斯型概率算法中的随机性选择能引导算法快速地求解问题，显著地改进算法的时间复杂性，甚至对某些迄今为止找不到有效算法的问题，也能得到满意的解。

拉斯维加斯型概率算法的一个显著特征是，它所做的随机性选择有可能导致算法找不到问题的解，即算法运行一次，或者得到一个正确的解，或者无解。因此，需要对同一输入实例反复多次运行算法，直到成功地获得问题的解。

由于拉斯维加斯型概率算法有时运行成功，有时运行失败，因此，通常拉斯维加斯型概率算法的返回类型为 bool，并且有两个参数：一个是算法的输入，另一个是当算法运行成功时保存问题的解。当算法运行失败时，可对同一输入实例再次运行，直到成功地获得问题的解。其一般形式如下：

```
                    拉斯维加斯型概率算法的一般形式

void Obstinate(input x，solution y)
{
    success=false;
    while(!success)
    {
        success=LV(x，y);
    }
}
```

设 $p(x)$ 是对输入实例 x 调用拉斯维加斯型概率算法获得问题的一个解的概率，则一个正确的拉斯维加斯型概率算法应该对于所有的输入实例 x 均有 $p(x)>0$。在更强的意义下，要求存在一个正的常数 δ，使得对于所有的输入实例 x 均有 $p(x)>\delta$。由于 $p(x)>\delta$，所以，只要有足够的时间，对任何输入实例 x，拉斯维加斯型概率算法总能找到问题的一个解。换言之，拉斯维加斯型概率算法找到正确解的概率随着计算时间的增加而提高。

八皇后问题是拉斯维加斯型概率算法从允许失败的行为中获益的一个很好的例子。

7.3.1 八皇后问题

八皇后问题是在 8×8 的棋盘上摆放八个皇后，使其不能互相攻击，即任意两个皇后都不能处于同一行、同一列或同一斜线上。

由于棋盘的每一行上可以而且必须放置一个皇后，所以八皇后问题的可能解用一个向量 $X=(x_1, x_2, \cdots, x_8)$ 表示，其中，$1 \leq x_i \leq 8$ 并且 $1 \leq i \leq 8$，即第 i 个皇后放置在第 i 行第 x_i 列上。比如 $X=(6, 3, 1, 8, 4, 2, 7, 6)$ 其行列含义为 $((1，6)，(2，3)，(3，1)，(4，8)，(5，4)，(6，2)，(7，7)，(8，6))$。直观表示见图 7.2。

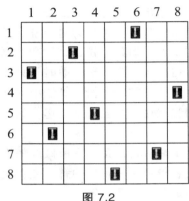

图 7.2

由于两个皇后不能位于同一列上，所以，解向量 X 必须满足约束条件：

$$x_i \neq x_j \tag{7.1}$$

若两个皇后摆放的位置分别是 $(i，x_i)$ 和 $(j，x_j)$，在棋盘上斜率为 -1 的斜线上，满足条件 $i-j=x_j-x_i$，在棋盘上斜率为 1 的斜线上，满足条件 $j-i=x_j-x_i$，综合两种情况，由于两个皇后不能位于同一斜线上，所以，解向量 X 必须满足约束条件：

$$|j-i| \neq |x_j-x_i| \tag{7.2}$$

满足式 7.1 和式 7.2 的向量 $X=(x_1, x_2, \cdots, x_i)$ 表示已放置的 i 个皇后 $(1 \leq i \leq 8)$ 互不攻击，也就是不发生冲突。

对于八皇后问题的任何一个解而言，每一个皇后在棋盘上的位置无任何规律，不具有系统性，而更像是随机放置的。由此想到拉斯维加斯型概率算法：

在棋盘上相继的各行中随机地放置皇后，并使新放置的皇后与已放置的皇后互不攻击，直至八个皇后均已相容地放置好，或下一个皇后没有可放置的位置。

算法 7.4——八皇后问题

```cpp
#include <iostream>
#include <ctime>
using namespace std;
```

```cpp
typedef int input[9];//下标从 1 开始，0 号单元不用
typedef int solution[9];
int Random(int a, int b)
{
    //Random(a, b)产生[a, b]之间的随机整数
    return rand()%(b-a+1)+a;//rand()产生[0, 32767)之间的随机整数
}//Random
bool Place(int x[], int i, int j)
{
    for(int k=1;k<i;k++)
    {
        if(x[k]==j || abs(x[k]-j)==abs(k-i))
            return false;
    }//for
    return true;
}//Place
bool LV(input x, solution y)
{
    memset(x, 0, 9*sizeof(x));
    srand(time(NULL));
    for(int i=1;i<=8;i++)
    {
        for(int count=1;count<=8;count++)
        {
            int j=Random(1, 8);
            if(Place(x, i, j))
            {
                x[i]=j;
                break;
            }//if
        }//for
        if(count>8)
            return false;
    }//for
    return true;
}//LV
void Obstinate(input x, solution y)
{
    bool success=false;
    while(!success)
    {
        success=LV(x, y);
    }//while
}//Obstinate
int main()
```

```
{
    input x;
    solution y;
    Obstinate(x，y);
    for(int i=1;i<=8;i++)
        cout<<x[i]<<" "<<endl;
    return 0;
}//main
```

运行结果为：

```
1
5
8
6
3
7
2
4
Press any key to continue_
```

拉斯维加斯型概率算法通过反复调用算法 7.5，直至得到八皇后问题的一个解。

如果将上述随机放置策略与回溯法相结合，则会获得更好的效果。可以先在棋盘的若干行中随机地放置相容的皇后，然后在其他行中用回溯法继续放置，直至找到一个解或宣告失败。在棋盘中随机放置的皇后越多，回溯法搜索所需的时间就越少，但失败的概率也就越大。例如八皇后问题，随机地放置两个皇后再采用回溯法比完全采用回溯法快大约两倍；随机地放置三个皇后再采用回溯法比完全采用回溯法快大约一倍；而所有的皇后都随机放置比完全采用回溯法慢大约一倍。很容易解释这个现象：

不能忽略产生随机数所需的时间，当随机放置所有的皇后时，八皇后问题的求解大约有70%的时间都用在了产生随机数上。

7.3.2　整数因子分解问题

设 n 是正整数且 $n>1$，整数 n 的因子分解问题是找出 n 的如下形式的唯一分解式：

$$n = p_1^{m_1} p_2^{m_2} \cdots p_k^{m_k}$$

其中，$p_1<p_2<\cdots<p_k$ 是素数，m_1，m_2，$\cdots$，m_k 是正整数。

如果 n 是一个合数，则 n 必有一个非平凡因子 $m(1<m<n)$，使得 m 可以整除 n。给定一个合数 n，求 n 的一个非平凡因子的问题称为整数因子划分问题。

整数因子分解问题可以归结为整数因子划分和素数测试：假设对整数 n 进行因子分解，首先进行素数测试，如果 n 是素数，则分解完成；否则，再进行因子划分，找到 n 的一个非平凡因子 m，并递归地对 m 和 n/m 进行因子分解。素数测试问题将在 7.4.2 节讨论，下面讨论整数因子划分问题。

对一个正整数 n 进行因子划分的最自然的想法是试除，它可以找到 n 的最小素数因子。算法如下：

```
int Factor(int n)
{
    int i=sqrt(n);
    for(int m=2;m<=i;m++)
    {
        if(n%m==0)
                return m;
    }//for
    return 1;//如果找不到一个因子，则 n 是素数
}
```

算法 Factor 是对范围在 $1 \sim \sqrt{n}$ 的所有整数进行了试除而得到了 n 的最小素数因子，其时间复杂性是 $O(\sqrt{n})$。对于一个正整数 n，其位数为 $m=\lceil \log_{10}(n+1) \rceil$，则算法 Factor 的时间复杂性是 $O(10^{m/2})$。$n=99$，$m=\lceil \log_{10}(99+1) \rceil = \lceil \log_{10} 100 \rceil = 2$，$O(10^{m/2})=O(10^{2/2})=O(10)$，$m=\lceil \log_{10}(n+1) \rceil$，$n=10^m$，$O(\sqrt{n})=O(\sqrt{10^m})=O(10^{m/2})$，多项式函数变为指数函数！

假定每次循环只需要 1 ns，它也需要花费 1 000 年的时间来分解一个 40 位左右的坚固的 (hard)合数。"坚固的"合数是指这个数是两个规模相当的素数的乘积。比如 $23 \times 29=667$ 就是一个"坚固的"合数。

到目前为止，还没有找到求解整数因子划分问题的多项式时间算法。

Pollard 因数分解算法的核心思想是：选取一个随机数 a。再选一个随机数 b。检查 $\gcd(a-b, n)$ 是否大于 1。若大于 1，$\gcd(a-b, n)$ 就是 n 的一个因子。若不大于 1，再选取随机数 c，检查 $\gcd(c-b, n)$ 和 $\gcd(c-a, n)$。如此继续，直到找到 n 的一个非平凡因子。

它的主要实现方法是从某个初值 $0<x_1<n$ 出发，通过一个适当的多项式 $f(x)$ 进行迭代，产生一个伪随机迭代序列 $\{x_1, x_2, x_3, \cdots\}=\{x_1, f(x_1), f(f(x_1)), \cdots\}$ 直到其对模 n 出现循环。多项式 $f(x)$ 的选择直接影响着迭代序列的长度。经典的选择是选取 $f(x)=x^2+a$，其中 $a \neq 0, -2 \pmod{n}$。不选择 0 和 -2 的原因是避免当序列中某一项 $x_k \equiv \pm 1 \pmod{n}$ 时后续各项全部为 1 的情况。迭代序列出现循环的期望时间和期望长度都与 $\sqrt{n}$ 成正比。设 n 有一个非平凡因子 p。由前面可知，迭代序列关于模 p 出现循环的期望时间和期望长度与 $\sqrt{p}$ 成正比。当循环出现时，设 $x_j \equiv x_k \pmod{p}$，记 $d=\gcd(x_j-x_k, n)$，则 d 是 p 的倍数。当 $d \neq n$ 时，d 就是 n 的一个非平凡因子。

但是在分解成功之前，p 是未知的，也就无从直接判断循环是否已经出现。仍然设迭代序列关于模 p 出现循环，$x_j \equiv x_k \pmod{p}$ 并设 $j<k$。由取模运算的性质可知 $f(x_j) \equiv f(x_k) \pmod{n}$，即 $x_{j+1} \equiv x_{k+1} \pmod{p}$。故对任意 $c \geq 0$，总有 $x_{j+c} \equiv x_{k+c} \pmod{p}$。记循环部分长度为 t，若 $t|k$，则 $t|2k$，那么 $x_{2k} \equiv x_k \pmod{n}$。因此，只要对迭代序列中的偶数项 x_k 和对应的 $x_{\frac{k}{2}}$ 计算 $d=\gcd(x_k-x_{\frac{k}{2}}, n)$。只要 $d \neq n$，d 就是 n 的一个非平凡因子。

以上就是 Pollard 原来建议使用的 Floyd 循环判断算法。Floyd 循环判断算法对储存整个

迭代序列的空间要求很高，一般实现时都使用时间换空间的办法，同时计算 x_k 和 x_{2k} 来进行判断（如上面的伪代码）。Brent 提出了另外一种效率更高的循环判断算法：每步只计算 x_k，当 k 是 2 的方幂时，令 $y = x_k$；每一步都拿当前的 x_k 和 y 计算 $d = \gcd(x_k - y, n)$。

算法 7.6——整数因子划分

```cpp
#include <iostream>
#include <ctime>
using namespace std;
int Random(int a，int b)
{
    //Random(a，b)产生[a，b]之间的随机整数
    return rand()%(b-a+1)+a;//rand()产生[0，32767)之间的随机整数
}//Random
int Gcd(int a，int b)
{
    int r=a%b;
    while(r!=0)
    {
        a=b;
        b=r;
        r=a%b;
    }//while
    return b;
}//Gcd
int Pollard(int n)
{
    int i=1，k=2;
    int x=Random(0，n-1);//x 为[0，n-1]区间的随机整数
    int y=x;
    int c=rand()%n;
    if(c==0 || c==2)
        c=1;
    while(true)
    {
        i++;
        x=x*x%n-c;
        if(x<0)
            x+=n;
```

```
            x%=n;
            int a=y-x;
            if(a<0)
                  a+=n;
            int d=Gcd(a，n);
            if(d>1 && d<n)
            {
                  //若 y-x 与 n 存在最大公约数 d，则 d 即为 n 的非平凡因子
                  printf("%d"，d);
                  return d;
            }//if
            if(d==n)
            {
                  return 0;
            }//if
            if(i==k)
            {
                  y=x;
                  k*=2;
            }//if
      }//while
}//Pollard
int main()
{
      srand(time(0));
      int x;
      while(!(x=Pollard(12)))//素数就不能调用也没有必要!
            ;
      return 0;
}//main
```

运行结果：

```
3Press any key to continue
```

    由于循环出现的时空期望都是 $O(\sqrt{p})$，Pollard 因数分解算法的总体时间复杂度也就是
$O(\sqrt{p})$。在最坏情况下，其时间复杂度可能接近 $O(\sqrt{n})$，但在一般条件下，时间复杂度都可
以认为是 $O(\sqrt[4]{n})$。

7.4 蒙特卡罗(Monte Carlo)型概率算法

7.4.1 主元素问题

设 $T[n]$ 是一个含有 n 个元素的数组，x 是数组 T 的一个元素，如果数组中有一半以上的元素与 x 相同，则称元素 x 是数组 T 的主元素（Major Element）。

例如，在数组 $T[7]=\{3，2，3，2，3，3，5\}$ 中，元素 3 就是主元素。

蒙特卡罗型概率算法求解主元素问题可以随机地选择数组中的一个元素 T[i]进行统计，如果该元素出现的次数大于 $n/2$，则该元素就是数组的主元素，算法返回 true；否则随机选择的这个元素 T[i]不是主元素，算法返回 false。此时，数组中可能有主元素也可能没有主元素。如果数组中存在主元素，则非主元素的个数小于 $n/2$。因此，算法将以大于 1/2 的概率返回 true，以小于 1/2 的概率返回 false，这说明算法出现错误的概率小于 1/2。如果连续运行算法 k 次，算法返回 false 的概率将减少为 2^{-k}，则算法发生错误的概率为 2^{-k}。

算法 7.7——主元素问题

```
#include <iostream>
#include <ctime>
#include <cmath>
using namespace std;
int Random(int a，int b)
{
    //Random(a，b)产生[a，b]之间的随机整数
    return rand()%(b-a+1)+a;//rand()产生[0，32767)之间的随机整数
}//Random

bool Majority(int T[]，int n)
{
    int i=Random(0，n-1);
    int x=T[i];//随机选择一个数组元素
    int k=0;
    for(int j=0;j<n;j++)
    {
        if(T[j]==x)
            k++;
    }
    if(k>n/2)//k>n/2 时含有主元素为 T[i]
        return true;
    else
        return false;
}
bool MajorityMC(int T[]，int n，double e)
{
    int decimal，sign;
```

```
        char *y=ecvt(log(1/e)/log(2), 8, &decimal, &sign);
        char dest[16]="";
        char dest2[16]="";
        strncpy(dest, y, decimal);
        strcpy(dest2, &y[decimal]);
        int k=atoi(dest);
        int k2=atoi(dest2);
        if(k2!=0)
            k++;
        for(int i=1;i<=k;i++)
        {
            if(Majority(T, n))
                return true;
        }
        return false;
}
int main()
{
        int T[7]={3, 2, 3, 2, 3, 3, 5};
        srand(time(NULL));
        bool b=MajorityMC(T, 7, 1.0/32);
        cout<<b<<endl;
        return 0;
}
```

对于任何给定的 $e>0$，算法 MajorityMC 重复调用$\lceil \log_2(1/e) \rceil$次算法 Majority，其错误概率小于 e，时间复杂性显然是 $O(n\log_2(1/e))$。

实验 7——随机数发生器

1．实验题目

设计一个随机数发生器，可以产生分布在任意整数区间[a，b]的随机数序列。

2．实验目的

（1）掌握线性同余法产生随机数的方法；
（2）了解计算机中的随机数是如何产生的，以及为什么将随机数称为伪随机数。

3．实验要求

（1）根据线性同余法设计随机数发生器算法；
（2）调整关键参数，使得随机数序列的"随机"性能较好；
（3）对于随机数发生器中关键参数的调整，写出调整过程和测试报告。

4. 实现提示

我们选择 4 个数：模数 m，乘数 a，增量 c 和种子数 x_0，使 $2 \leqslant a < m$，及 $0 \leqslant x_0 < m$。我们生成一个伪随机数序列 $\{x_n\}$ 使得对所有 n，$0 \leqslant x_n < m$。生成的办法是逐次同余：

$$x_{n+1} = (ax_n + c) \bmod m \text{(这是个递归定义的例子)}$$

不少计算机试验都要求产生 0 和 1 之间的伪随机数。要得到这样的数，可以用模数除线性同余生成器产生的数，即使用 x_n/m。

如何选择常数 a、c 和 m 将直接关系到所产生随机数序列的"随机"性能。直观上看，m 应取得充分大的数，例如可以取机器大数，另外，m 和 a 应该是互质的，即 $\gcd(m, a) = 1$，例如 a 可以取一素数。为了使随机种子 x_0 尽可能"随机"，x_0 可以取系统时间，也可以在算法运行中由用户给定。

例如选 $m=9$，$a=7$，$c=4$ 和 $x_0=3$，产生的伪随机数序列如下：

3，7，8，6，1，2，0，4，5，3，7，8，6，1，2，0，4，5，3，…

这个序列含 9 个不同的数，然后重复。

大部分计算机的确使用线性同余生成器产生伪随机数。常使用的线性同余生成器的增量 $c = 0$。这样的生成器称为**纯乘式生成器**。例如以 $2^{31} - 1 = 2147483647$ 为模，以 $7^5 = 16807$ 为乘数的纯乘式生成器就广为采用。可以证明以这些值来计算，会产生 $2^{31} - 2 = 2147483646$ 个伪随机数，然后开始重复。

下面给出利用 VC++6.0 实现的参考算法。

算法 7.7——随机数发生器

```
#include <iostream>
#include <ctime>
#include <cmath>
using namespace std;
long rand2()
{
    static long c=0L;
    static long m=INT_MAX;//pow(2，31)-1;
    static long a=16807L;//pow(7，5);
    static long x=time(NULL);
    //x=(a*x+c)%m;
    //x=(x+x+x+...+x+c)%m
    //x=(x%m+x%m+x%m+...+x%m+c%m)%m
    //x=((((x%m+x%m)%m+x%m)%m+...+x%m)%m+c%m)%m
    double sum=0;
    for(long i=1;i<=a;i++)
    {
        sum+=x%m;
        if(sum>=INT_MAX)
            sum-=m;
    }//for
    sum+=c%m;
```

```
        if(sum>=INT_MAX)
            sum-=m;
        x=sum;
        x=x%m;
        return x;
}
long Random(long a，long b)
{
        //Random(a，b)产生[a，b]之间的随机整数
        return rand2()%(b-a+1)+a; //rand()产生[0，32767)之间的随机整数
}//Random
void main()
{
        for(long i=1;i<=9;i++)
        {
            cout<<Random(0，3)<<endl;//[0..3]
        }//for
}//main
```

阅读材料7——随机数生成原理

1. Microsoft VC++产生随机数的原理

srand()和 rand()函数。它本质上是利用线性同余法，$a_n=(ba_0+c) \bmod m$。其中 b，c，m 都是常数。因此 rand 的产生决定于 a_0，a_0 被称为 Seed。Seed 需要在程序中设定，一般情况下取系统时间 srand(time(NULL))作为种子。它产生的随机数之间的相关性很小，取值范围是 0~32767（int），即双字节（16 位数），若用 unsigned int 双字节是 65535，四字节是 4294967295，一般可以满足要求。

2. 线性同余法

其中 m 是模数，b 是乘数，c 是增量，为初始值，当 $c=0$ 时，称此算法为乘同余法；若 $c \neq 0$，则称算法为混合同余法，当 c 取不为零的适当数值时，有一些优点，但优点并不突出，故常取 $c=0$。模 m 大小是发生器周期长短的主要标志，常见有 m 为素数。

```
#include <iostream>
#include <cmath>
#include <ctime>
using namespace std;
void main()
{
    double b=1194211693，m=65535，a[100]，g[100];
    a[0]=time(NULL);
    for(int n=1;n<100;n++)
    {
        //线性同余法生成随机数
        a[n]=fmod(b*a[n-1]，m);
        g[n-1]=a[n]/m;
        cout<<n<<'\t'<<g[n-1]<<endl;
    }//for
}//main
```

```
1        0.777462
2        0.395407
3        0.985794
4        0.290944
5        0.741756
6        0.843107
7        0.603098
8        0.781674
9        0.0502937
10       0.820676
11       0.115114
12       0.900237
13       0.486778
```

统计数据的平均值为 0.485653，统计数据的方差为：0.320576。

3. 人字映射

就是有名的混沌映射中的"人字映射"或称"帐篷映射"，它的非周期轨道点的分布密度函数人字映射与线性同余法结合，可产生统计性质优良的均匀随机数。

```
#include <iostream>
#include <cmath>
#include <ctime>
using namespace std;
void main()
{
    double b=1194211693，m=65535，a[100]，g[100];
    a[0]=time(NULL);
    for(int n=1;n<100;n++)
```

```
    {
        //线性同余法生成随机数
        a[n]=fmod(b*a[n-1]，m);
        if(a[n]<=m/2)//与人字映射结合生成随机数
        {
            a[n]=2*a[n];
        }//if
        else
        {
            a[n]=2*(m-a[n])+1;
        }//else
        g[n-1]=a[n]/m;
        cout<<n<<'\t'<<g[n-1]<<endl;
    }//for
}//main
```

```
1       0.391958
2       0.899092
3       0.382376
4       0.0811322
5       0.23212
6       0.189395
7       0.901839
8       0.471839
9       0.742077
10      0.78587
11      0.405615
12      0.146365
```

习题 7

一、选择题

1. 在快速排序算法中引入随机过程的主要目的是什么?(D)
   A. 改善确定性算法的平均运行时间
   B. 保证算法总能在 $O(n\log n)$时间内结束
   C. 避免了算法最坏情况下的发生
   D. 改善了确定性算法最坏情形下的平均运行时间

2. 下列随机算法一定有解但解不一定正确的是？(C)
   A. Sherwood   B. LasVegas
   C. MonteCarlo   D. 三者都不是

3. 拉斯维加斯算法是(B)的一种。
   A. 分支界限算法   B. 概率算法
   C. 贪心算法   D. 回溯算法

4. 概率算法是一种非确定性地选择下一计算步骤的方法，力图消除问题复杂性与具体

实例间的关联，以下算法适合于求解问题近似解的是(A)

  A. 数值概率算法   B. 蒙特卡罗算法

  C. 拉斯维加斯算法   D. 舍伍得算法×

 5. (B)能够求得问题的解，但却无法有效地判定解的正确性。

  A. 数值概率算法   B. 蒙特卡罗算法

  C. 拉斯维加斯算法   D. 舍伍得算法×

 6. 舍伍德算法是(B)的一种。

  A. 分支界限算法   B. 概率算法

  C. 贪心算法   D. 回溯算法

 7. 在下列算法中总能得到问题正确解的是(C)。

  A. 蒙特卡罗算法   B. 拉斯维加斯算法

  C. 舍伍德算法   D. 数值概率算法

二、填空题

 1. 概率算法的一个基本特征是对所求解问题的同一实例用同一概率算法求解两次可能得到__完全不同__(完全不同/基本近似)的效果——求解时间甚至是所得的结果。概率算法大致可以分为四类：数值概率算法、蒙特卡罗算法、拉斯维加斯算法和舍伍德算法。其中__蒙特卡罗__算法用于求解问题的准确解——但此解未必正确如素数测试问题，而__拉斯维加斯__算法不会得到不正确的解，但该算法可能找不到问题的解如整数因子分解问题；__数值概率__算法则常用于求解数值问题的近似解；__舍伍德__算法主要体现在设法消除算法最坏情形下的复杂性与特殊实例之间的关联性，如引入随机方法的快速排序算法。

 2. 数值概率算法常用于__数值问题__的求解。

 3. 拉斯维加斯算法找到的解一定是__正确的__。

三、简答题

 1. 对于概率算法，为什么只分析其平均情况下的时间复杂性，而忽略最坏情况下的时间复杂性？

答：输入记录的任何排列，都不可能出现使算法行为处于最坏的情况。

 2. 用线性同余生成器 $x_{n+1}=(4x_n+1) \bmod 7$ 和种子数 $x_0=3$ 产生的伪随机数序列是什么？

答：

$x_0=3$

$x_1=(4x_0+1) \bmod 7=(4 \times 3+1) \bmod 7=(12+1) \bmod 7=13 \bmod 7=6$

$x_2=(4x_1+1) \bmod 7=(4 \times 6+1) \bmod 7=(24+1) \bmod 7=25 \bmod 7=4$

$x_3=(4x_2+1) \bmod 7=(4 \times 4+1) \bmod 7=(16+1) \bmod 7=17 \bmod 7=3$

$x_4=(4x_3+1) \bmod 7=(4 \times 3+1) \bmod 7=(12+1) \bmod 7=13 \bmod 7=6$

x0	x1
3	6
6	4
4	3
3	6
6	4
4	3
3	6
6	4
4	3
3	6
6	4

3. 用纯乘式生成器 $x_{n+1}=3x_n \bmod 11$ 和种子数 $x_0=2$ 产生的伪随机数序列是什么?

答:
2，6，7，10，8

4. 写一伪码算法，用线性同余生成器产生伪随机数序列。

5 在实际应用中，常需模拟服从正态分布的随机变量，其密度函数为

$$\frac{1}{\sigma\sqrt{2\pi}}\mathrm{e}^{-\frac{(x-a)^2}{2\sigma^2}}$$

式中，a 为均值，σ 为标准差。

如果 s 和 t 是$(-1,1)$中均匀分布的随机变量，且 $s^2+t^2<1$，令

$$p=s^2+t^2$$

$$q=\sqrt{(-2\ln p)/p}$$

$$u=sq$$

$$v=tq$$

则 u 和 v 是服从标准正态分布$(a=0，\sigma=1)$的两个相互独立的随机变量。

（1）利用上述事实，设计一个模拟标准正态分布随机变量的算法。

（2）将上述算法扩展到一般的正态分布。

分析与解答:
（1）模拟标准正态分布随机变量的算法如下。

```cpp
#include <iostream>
#include <ctime>
#include <cmath>
using namespace std;
double Random()
{
    return 1.0*rand()/RAND_MAX;
}//Random
```

```
double Norm()
{
    double s，t，p，q;
    while(true)
    {
        s=2*Random()-1;
        t=2*Random()-1;
        p=s*s+t*t;
        if(p<1)
            break;
    }
    q=sqrt((-2*log(p))/p);
    return s*q;
}
int main()
{
    srand(time(NULL));
    for(int i=0;i<100;i++)
    {
        cout<<Norm()<<endl;
    }
    return 0;
}
```

u 和 v 是服从标准正态分布(a=0，σ=1)的两个相互独立的随机变量，在这里就是产生的 100 个数的均值接近零，标准差接近 1，排序后，两端的数据较少，中间的数据较多。

（2）扩展到一般的正态分布的算法如下：

```
double Norm(double a，double b)
{
    double x=Norm();
    return a+b*x;
}
```

-2.33352	-0.252926	0.395394
-2.05592	-0.23747	0.416271
-1.98925	-0.228583	0.438473
-1.79448	-0.212311	0.454939
-1.7272	-0.20766	0.509577
-1.55083	-0.19082	0.56319
-1.46515	-0.117455	0.64106
-1.45475	-0.102265	0.656885
-1.4301	-0.0956352	0.665067
-1.39582	-0.0906517	0.714062
-1.31679	-0.0259123	0.729446
-1.27091	-0.0193021	0.732296
-1.21023	-0.00948677	0.768671

-0.987741	0.0111473	0.776162
-0.885885	0.0177616	0.846162
-0.81533	0.0222536	0.864803
-0.81209	0.0264002	0.883697
-0.771305	0.0367731	0.89029
-0.770537	0.0372404	0.923892
-0.744882	0.0486973	1.00126
-0.728185	0.106927	1.00182
-0.723113	0.164076	1.05449
-0.708561	0.166207	1.18398
-0.700278	0.16827	1.20486
-0.673861	0.174533	1.2528
-0.603488	0.198143	1.71002
-0.585683	0.198953	1.91555
-0.559499	0.207676	2.2832
-0.538632	0.209238	2.40266
-0.484276	0.253349	2.42875
-0.477171	0.325974	2.47826
-0.403841	0.332529	3.51068
-0.336222	0.344673	
-0.319554	0.364348	

第 8 章　近似算法

迄今为止，所有的难解问题都没有多项式时间算法，采用回溯法和分支限界法等算法设计技术可以相对有效地解决这类问题。然而，这些算法的时间性能常常是无法保证的。在用别的方法都不能奏效时，可以采用另外一种完全不同的方法——近似算法(approximate algorithm)求解。近似算法是解决难解问题的一种有效策略，其基本思想是放弃求最优解，而用近似最优解代替最优解，以换取算法设计上的简化和时间复杂性的降低。由于很多实际问题可以接受近似最优解，而求最优解又需要付出过多的时间和空间代价，因此，有关近似算法的研究越来越受到人们的重视。本章介绍近似算法求 NP 难问题的几个成功实例。

8.1　概　述

8.1.1　近似算法的设计思想

许多难解问题实质上是最优化问题，即要求在满足约束条件的前提下，使某个目标函数达到最大值或最小值的解。在这类问题中，求得最优解往往需要付出极大的代价。

在现实世界中，很多问题的输入数据是用测量方法获得的，而测量的数据本身就存在着一定程度的误差，因此，输入数据是近似的。同时，很多问题的解允许有一定程度的误差，只要给出的解是合理的、可接受的，近似最优解常常就能满足实际问题的需要。此外，采用近似算法可以在很短的时间内得到问题的近似解，所以，近似算法是求解难解问题的一个可行的方法。

即使某个问题存在有效算法，好的近似算法也会发挥作用。因为待求解问题的实例是不确定的，或者在一定程度上是不准确的，如果使用近似算法造成的误差比不精确的数据带来的误差小，并且近似算法远比精确算法高效，那么，出于实用的目的，当然更愿意选择近似算法了。

近似算法的基本思想是用近似最优解代替最优解，以换取算法设计上的简化和时间复杂性的降低。近似算法是这样一个过程：

虽然它可能找不到一个最优解，但它总会为待求解的问题提供一个解。为了具有实用性，近似算法必须能够给出算法所产生的解与最优解之间的差别或者比例的一个界限，它保证任意一个实例的近似最优解与最优解之间相差的程度。显然，这个差别越小，近似算法越具有实用性。

8.1.2　近似算法的性能

衡量近似算法性能最重要的标准有两个：

（1）算法的时间复杂性。

近似算法的时间复杂性必须是多项式阶的，这是设计近似算法的基本目标。

（2）解的近似程度。

近似最优解的近似程度也是设计近似算法的重要目标。近似程度可能与近似算法本身、问题规模，乃至不同的输入实例都有关。

不失一般性，假设近似算法求解的是最优化问题，且对于一个确定的最优化问题，每一个可行解所对应的目标函数值均为正数。

若一个最优化问题的最优值为 $c*$，求解该问题的一个近似算法求得的近似最优值为 c，则将该近似算法的近似比(approximate ratio)η 定义为：

$$\eta = \max\left\{\frac{c}{c*}, \frac{c*}{c}\right\}$$

在通常情况下，该性能比是问题输入规模 n 的一个函数 $\rho(n)$，即：

$$\max\left\{\frac{c}{c*}, \frac{c*}{c}\right\} \leqslant p(n)$$

这个定义对于最大化问题和最小化问题都是适用的。对于一个最大化问题，$c* \geqslant c$，此时近似算法的近似比表示最优值 $c*$ 比近似最优值 c 大多少倍；对于一个最小化问题，$c \geqslant c*$，此时近似算法的近似比表示近似最优值 c 比最优值 $c*$ 大多少倍。所以，近似算法的近似比 η 不会小于 1，$\eta \geqslant 1$，近似算法的近似比越大，它求出的近似解就越差。显然，一个能求得最优解的近似算法，其近似比为 1，$\eta = 1$。

有时用相对误差表示一个近似算法的近似程度会更方便些。若一个最优化问题的最优值为 $c*$，求解该问题的一个近似算法求得的近似最优值为 c，则该近似算法的相对误差(relative error)λ 定义为：

$$\lambda = \left|\frac{c - c*}{c*}\right|$$

近似算法的相对误差总是非负的，它表示一个近似最优解与最优解相差的程度。若问题的输入规模为 n，存在一个函数 $\varepsilon(n)$，使得

$$\left|\frac{c - c*}{c*}\right| \leqslant \varepsilon(n)$$

则称 $\varepsilon(n)$ 为该近似算法的相对误差界(relative error bound)。近似算法的近似比 $\rho(n)$ 与相对误差界 $\varepsilon(n)$ 之间显然有如下关系：

$$\varepsilon(n \leqslant p(n)^{-1}$$

对于一个最大化问题，$c* \geqslant c$，此时 $\rho(n) \geqslant \dfrac{c*}{c}$，$\rho(n) - 1 \geqslant \dfrac{c*}{c} - 1$

$$\varepsilon(n) \geqslant \frac{c^*-c}{c^*} = 1 - \frac{c}{c^*}$$

不妨设 $c^*=3c$，则 $\frac{c^*}{c} - 1 = 3 - 1 = 2$

$$1 - \frac{c}{c^*} = 1 - \frac{1}{3} = \frac{2}{3}$$

$$\rho(n) - 1 \geqslant 2, \quad \varepsilon(n) \geqslant \frac{2}{3}$$

不妨取 $\rho(n) - 1 = 2$，$\varepsilon(n) = \frac{2}{3}$，显然 $\varepsilon(n) \leqslant \rho(n) - 1$

对于一个最小化问题，$c \geqslant c^*$，此时

$$\rho(n) \geqslant \frac{c}{c^*}$$

$$\rho(n) - 1 \geqslant \frac{c}{c^*} - 1$$

$$\varepsilon(n) \geqslant \frac{c - c^*}{c^*} = \frac{c}{c^*} - 1$$

有许多问题的近似算法具有固定的近似比和相对误差界，即 $\rho(n)$ 和 $\varepsilon(n)$ 不随问题规模 n 的变化而变化，在这种情况下，用 ρ 和 ε 来表示近似比和相对误差界。还有许多问题的近似算法没有固定的近似比，即近似比 $\rho(n)$ 随着问题规模 n 的增长而增长，换言之，问题规模 n 越大，近似算法求出的近似最优解与最优解相差得就越多。

对有些难解问题，可以找到这样的近似算法，其近似比可以通过增加计算量来改进，也就是说，在计算量和解的精度之间有一个折中，较少的计算量得到较粗糙的近似解，而较多的计算量可以得到较精确的近似解。

8.2 顶点覆盖问题

无向图 $G=(V, E)$ 的顶点覆盖是顶点集 V 的一个子集 $V' \subseteq V$，使得若 (u, v) 是 G 的一条边，则 $v \in V'$ 或 $u \in V'$。顶点覆盖 V' 的大小是它所包含的顶点个数 $|V'|$。顶点覆盖问题是求出图 G 中的最小顶点覆盖，即含有顶点数最少的顶点覆盖。

顶点覆盖问题是一个 NP 难问题，因此，没有一个多项式时间算法能有效地求解。虽然要找到图 G 的一个最小顶点覆盖是很困难的，但要找到图 G 的一个近似最小覆盖却很容易。可以采用如下策略：

初始时边集 $E'=E$，顶点集 $V'=\{\}$，每次从边集 E' 中任取一条边 (u, v)，把顶点 u 和 v 加

入到顶点集 V' 中，再把与 u 和 v 顶点相邻接的所有边从边集 E' 中删除，直到边集 E' 为空。显然，最后得到的顶点集 V' 是无向图的一个顶点覆盖，由于每次把**尽量多**的相邻边从边集 E' 中删除，可以期望 V' 中的顶点数尽量少，但不能保证 V' 中的顶点数最少。图 8.1 中给出了一个顶点覆盖问题的近似算法求解过程。

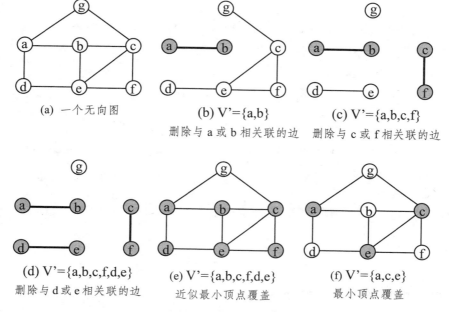

(a) 一个无向图

(b) V'={a,b}
删除与 a 或 b 相关联的边

(c) V'={a,b,c,f}
删除与 c 或 f 相关联的边

(d) V'={a,b,c,f,d,e}
删除与 d 或 e 相关联的边

(e) V'={a,b,c,f,d,e}
近似最小顶点覆盖

(f) V'={a,c,e}
最小顶点覆盖

图 8.1　最小覆盖问题的近似算法求解过程

假设无向图 G 中 n 个顶点的编号为 $0 \sim n\text{-}1$，顶点覆盖问题的近似算法如下：

算法 8.1——顶点覆盖问题

```cpp
//AMLGraph.h
#include <iostream>
using namespace std;
typedef bool VisitIf;
typedef float InfoType;
typedef char VertexType;
#define MAX_VERTEX_NUM 7
//无向图的邻接多重表存储表示
//边的结构表示
typedef struct EBox
{
    VisitIf mark;//边访问标记
    char ivex，jvex;//该边依附的两个顶点的位置
    struct EBox *ilink，*jlink;
```

```
        InfoType *info;//该边信息指针
}EBox;
//顶点的结构表示
typedef struct VexBox
{
    VertexType data;
    EBox *firstedge;//指向第一条依附该顶点的边
}VexBox;
//无向图的结构表示
typedef struct
{
    //邻接多重表
    VexBox adjmulist[MAX_VERTEX_NUM];
    int vexnum，edgenum;
}AMLGraph;
typedef struct Edge
{
    char v，w;
}Edge;
void CreatGraph(AMLGraph &G，char V[]，Edge VR[])
{
    EBox *s;
    //按定义(V，VR)构造图
    G.edgenum=10;
    G.vexnum=7;
    for(int i=0;i<G.vexnum;i++)
    {
        G.adjmulist[i].data=V[i];
        s=new EBox();//带头节点
        s->mark=false;//依附该顶点的所有边访问标记
        s->ilink=NULL;
        s->jlink=NULL;
        G.adjmulist[i].firstedge=s;
    }//for
    for(i=0;i<G.edgenum;i++)
    {
        char v=VR[i].v，w=VR[i].w;
        s=new EBox();//头插各表节点
        s->mark=false;
```

```
                    s->ivex=v;
                    s->jvex=w;
                    EBox *p=G.adjmulist[v-'a'].firstedge;
                    s->ilink=p->ilink;
                    p->ilink=s;
                    p=G.adjmulist[w-'a'].firstedge;
                    s->jlink=p->ilink;
                    p->ilink=s;
            }//for
        }//CreatGraph
```

```
// AMLGraph.cpp
#include "AMLGraph.h"
void DeleteAdjAllEdge(EBox *q, char u)
{
    if(!q->mark)
    {
        EBox *p=q->ilink;
        while(p)
        {
            p->mark=true;
            if(p->ivex==u)
                    p=p->ilink;
            else
                    p=p->jlink;
        }//while
        q->mark=true;
    }//if
}//DeleteAdjAllEdge
void VertexCover(AMLGraph G, char x[])
{
    int j=0;
    for(int i=0;i<G.vexnum;i++)
    {
        EBox *p=G.adjmulist[i].firstedge;
        if(!p->mark)
        {
            p=p->ilink;
            while(p)
            {
                if(!p->mark)
                {
                    x[j++]=p->ivex;
                    x[j++]=p->jvex;
                    EBox *q=G.adjmulist[p->ivex-'a'].firstedge;
                    DeleteAdjAllEdge(q, p->ivex);
                    DeleteAdjAllEdge(q, p->jvex);
                    break;
```

179

```
                }//if
                if(p->ivex==G.adjmulist[i].data)
                        p=p->ilink;
                else
                        p=p->jlink;
            }//while
        }//if
    }//for
}//VertexCover
int main()
{
    AMLGraph G;
    char V[7]={'a', 'b', 'c', 'd', 'e', 'f', 'g'};
    Edge VR[10]={
        {'a', 'b'}, {'a', 'd'}, {'a', 'g'},
        {'b', 'c'}, {'b', 'e'},
        {'c', 'e'}, {'c', 'f'}, {'c', 'g'},
        {'d', 'e'},
        {'e', 'f'}};
    CreatGraph(G, V, VR);
    char x[7]="";
    VertexCover(G, x);
    return 0;
}//main
```

运行结果:

⊟ G	{...}		
⊢⊟ adjmulist	0x0012ff40		
⊢⊟ [0]	{...}	⊟ [1]	{...}
⊢ data	97 'a'	⊢ data	98 'b'
⊢⊟ firstedge	0x00441a80	⊢⊟ firstedge	0x00441a40
⊢ mark	0 ''	⊢ mark	0 ''
⊢ ivex	-51 '?	⊢ ivex	-51 '?
⊢ jvex	-51 '?	⊢ jvex	-51 '?
⊢⊟ ilink	0x00441840	⊢⊟ ilink	0x004417c0
⊢ mark	0 ''	⊢ mark	0 ''
⊢ ivex	97 'a'	⊢ ivex	98 'b'
⊢ jvex	103 'g'	⊢ jvex	101 'e'
⊢⊟ ilink	0x00441880	⊢⊟ ilink	0x00441800
⊢ mark	0 ''	⊢ mark	0 ''
⊢ ivex	97 'a'	⊢ ivex	98 'b'
⊢ jvex	100 'd'	⊢ jvex	99 'c'
⊢⊟ ilink	0x004418c0	⊢⊟ ilink	0x004418c0
⊢ mark	0 ''	⊢ mark	0 ''
⊢ ivex	97 'a'	⊢ ivex	97 'a'
⊢ jvex	98 'b'	⊢ jvex	98 'b'
⊢⊞ ilink	0x00000000	⊢⊞ ilink	0x00000000
⊢⊞ jlink	0x00000000	⊢⊞ jlink	0x00000000
⊢⊞ info	0xcdcdcdcd	⊢⊞ info	0xcdcdcdcd

⊟ x	0x0012ff
	蒽烫薬■D
[0]	97 'a'
[1]	103 'g'
[2]	98 'b'
[3]	101 'e'
[4]	99 'c'
[5]	103 'g'
[6]	100 'd'

算法 8.1 采用邻接多重表的形式存储无向图，其存储结构如图 8.2 所示。由于算法中对每条边只进行一次删除操作，设图 G 含有 n 个顶点 e 条边，则算法 8.1 的时间复杂性为 $O(n+e)$。

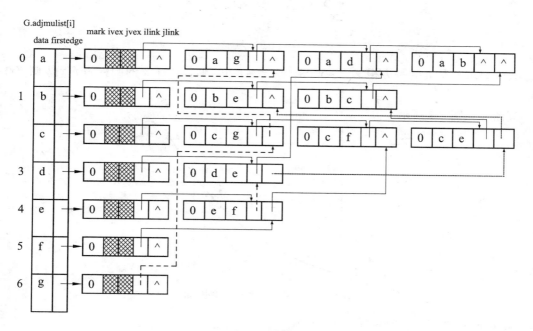

图 8.2　邻接多重表

　　下面考察算法 8.1 的近似比。若用 A 表示算法选取的边的集合，则 A 中任何两条边没有公共顶点。因为算法选取了一条边，并在将其顶点加入顶点覆盖后，就将 E' 中与该边的两个顶点相关联的所有边从 E' 中删除，因此，下一次再选取的边就与该边没有公共顶点。由数学归纳法易知，A 中的所有边均没有公共顶点。算法结束时，顶点覆盖中的顶点数 $|V'|=2|A|$。另一方面，图 G 的任一顶点覆盖一定包含 A 中各边的至少一个端点，因此，若最小顶点覆盖为 V^*，则 $|V^*| \geqslant |A|$，$2|V^*| \geqslant 2|A|=|V'|$。由此可得，$|V'| \leqslant 2|V^*|$，即算法 8.1 的近似比为 2。相应地可以求出 ε：$\dfrac{|V'|}{|V^*|} \leqslant 2$，

$$|V'| \geqslant |V^*| \quad (\because 求最小顶点覆盖)$$

$$\frac{|V'|}{|V^*|} \geqslant 1, \quad 1 \leqslant \frac{|V'|}{|V^*|} \leqslant 2, \quad \frac{1}{2} \leqslant \frac{|V^*|}{|V|} \leqslant 1$$

$$\eta = \max\left\{ \frac{|V'|}{|V^*|}, \frac{|V^*|}{|V'|} \right\} = \frac{|V'|}{|V^*|} \leqslant 2, \rho = 2$$

$$0 \leqslant \frac{|V'|}{|V^*|} - 1 \leqslant 1$$

$$0 \leqslant \left| \frac{|V'|}{|V^*|} - 1 \right| \leqslant 1, \quad \lambda = \left| \frac{|V'|}{|V^*|} - 1 \right| \leqslant 1, \quad \varepsilon = 1$$

8.3 平方根问题

我们要求的是 n 的平方根 x，令 $x^2 = n$，则 $x^2 - n = 0$，假设关于 x 的函数为 $f(x)$，则 $f(x) = x^2 - n$，

其图像如图 8.3 所示。

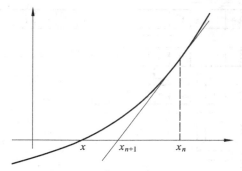

图 8.3 $f(x) = x^2 - n$ 的函数图像

求 $f(x)$ 的一阶导为 $f'(x) = 2x$，$f'(x_n) = 2x_n$

根据导数的定义，有：

$f'(x_n) = f(x_n)/(x_n - x_{n+1})$

$\because f(x_n) = x_n^2 - n$

$\therefore 2x_n = (x_n^2 - n)/(x_n - x_{n+1})$

其中 x_{n+1} 为 x_n 处的切线与 x 轴的交点。

$x_n - x_{n+1} = (x_n^2 - n)/2x_n$

$x_{n+1} = x_n - (x_n^2 - n)/2x_n = (2x_n^2 - x_n^2 + n)/2x_n = (x_n^2 + n)/2x_n = (x_n + n/x_n)/2$

即 $x_{n+1} = (x_n + n/x_n)/2$

算法 8.2——平方根问题

```
x1=input('input x1=');   %设定迭代初值，如 1
er=1;
n=0;   %定义一个计数器记录循环次数
while er>0.001
x2=0.5*(x1+3/x1);   %牛顿迭代公式，假设求 3 的平方根
er=abs(x2-x1);
x1=x2;   %数值解
n=n+1;
end
x2
sqrt3=sqrt(3)   %真实数值
n
```

```
er
clear   %清除内存变量
```

运行结果:

```
Command Window
>> x1=input('input x1=');   %设定迭代初值, 本例为1
er=1;
n=0;   %定义一个计数器记录循环次数
while er>0.001
x2=0.5*(x1+3/x1);   %牛顿迭代公式
er=abs(x2-x1);
x1=x2;   %数值解
n=n+1;
end
x2
sqrt3=sqrt(3)   %真实数值
n
er
clear   %清除内存变量
input x1=1

x2 =

    1.7321


sqrt3 =

    1.7321

n =

    4


er =

  9.2047e-005

>>
```

8.4 TSP 问题

TSP 问题是指旅行家要旅行 n 个城市,要求各个城市经历且仅经历一次然后回到出发城市,并要求所走的路程最短。

如果无向图 $G=(V, E)$ 的顶点在一个平面上,边 (i, j) 的代价 $c(i, j)$ 均为非负整数,且两个顶点之间的距离为欧几里得距离(Euclidean distance),则对图 G 的任意 3 个顶点 i, j, k,显然满足如下三角不等式,即两边之和大于或等于第三边:

$$c(i, j)+c(j, k) \geqslant c(i, k)$$

图 8.4 给出了一个满足三角不等式的无向图，图中方格的边长为 1。其计算过程如下：

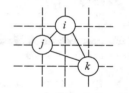

图 8.4　一个满足三角不等式的无向图

∵ $c(i, j)=\sqrt{2}$，$c(j, k)=\sqrt{5}$，$c(i, k)=\sqrt{5}$，∴ $\sqrt{2}+\sqrt{5} \geqslant \sqrt{5}$

事实上，很多以 TSP 问题为背景的应用问题，如交通、航线、机械加工等应用问题，顶点之间的代价都满足三角不等式。

可以证明，满足三角不等式的 TSP 问题仍为 *NP* 难问题，但是，可以设计一个近似算法，其近似比为 2。图 8.5(a)给出了一个满足三角不等式的无向图，图中方格的边长为 1，于是可计算出其代价矩阵 c[][]为：

$$\begin{pmatrix} \infty & 2 & \sqrt{10} & 2 & \sqrt{10} & \sqrt{8} & \sqrt{20} & \sqrt{17} \\ & \infty & \sqrt{2} & \sqrt{8} & \sqrt{10} & 2 & 4 & \sqrt{5} \\ & & \infty & \sqrt{18} & \sqrt{20} & \sqrt{10} & \sqrt{26} & \sqrt{5} \\ & & & \infty & \sqrt{2} & 2 & \sqrt{8} & \sqrt{17} \\ & & & & \infty & \sqrt{2} & \sqrt{2} & \sqrt{13} \\ & & & & & \infty & 2 & \sqrt{5} \\ & & & & & & \infty & \sqrt{13} \\ & & & & & & & \infty \end{pmatrix}$$

求解 TSP 问题的近似算法首先采用 Prim 算法生成图的最小生成树 T，如图(b)所示，图中粗线表示最小生成树中的边，然后对 T 进行深度优先遍历，经过的路线为 a→b→c→b→h→b→a→d→e→f→e→g→e→d→a，得到遍历序列 L=(a, b, c, h, d, e, f, g)，由序列 L 得到哈密顿回路，即近似最优解，如图 (d) 所示，其路径长度约为 $2+\sqrt{2}+\sqrt{5}+\sqrt{17}+\sqrt{2}+\sqrt{2}+2+\sqrt{20}=19.074$，图 (e) 所示是(a)的最优解，其路径长度约为 $2+\sqrt{2}+\sqrt{5}+\sqrt{5}+2+\sqrt{2}+\sqrt{2}+2=14.715$，据此可算出其近似比为 $\eta = \dfrac{19.074}{14.715}=1.296$，相对误差为 $\lambda = 0.296$。

下面给出一个求解 TSP 问题的近似算法具体实现：

算法 8.3——TSP 问题

```
#include <iostream>
using namespace std;
#define NUM 9
double c[NUM][NUM]=
{
    {INT_MAX,   INT_MAX,         INT_MAX,         INT_MAX,         INT_MAX,
INT_MAX,        INT_MAX,        INT_MAX,        INT_MAX},
    {INT_MAX, INT_MAX,        2,              3.16227766,    2,              3.16227766,
```

2.828427125，4.472135955，4.123105626},
    {INT_MAX, 2,   INT_MAX,   1.414213562, 2.828427125, 3.16227766,
2,   4,   2.236067977},
    {INT_MAX, 3.16227766, 1.414213562, INT_MAX,   4.242640687, 3.16227766,
3.16227766,   5.099019514,   2.236067977},
    {INT_MAX, 2,   2.828427125, 4.242640687, INT_MAX,   1.414213562,
2,   2.828427125,   4.123105626},
    {INT_MAX, 3.16227766,   3.16227766,   3.16227766,   1.414213562,   INT_MAX,
1.414213562,   1.414213562,   3.605551275},
    {INT_MAX, 2.828427125, 2,   3.16227766,   2,   1.414213562,
INT_MAX,   2,   2.236067977},
    {INT_MAX, 4.472135955, 4,   5.099019514, 2.828427125, 1.414213562,
2,   INT_MAX,   3.605551275},
    {INT_MAX, 4.123105626, 2.236067977, 2.236067977, 4.123105626, 3.605551275,
2.236067977,   3.605551275,   INT_MAX}
};
int T[NUM][NUM];//生成树，即子图的邻接矩阵
double WT=0;
void Prim(int n，double c[][NUM])
{
    double lowcost[NUM];
    int   closest[NUM];
    bool s[NUM]={false};
    for(int i=1;i<=n;i++)
    {
        lowcost[i]=c[1][i];
        closest[i]=1;
        s[i]=false;
    }//for
    s[1]=true;
    for(i=1;i<n;i++)
    {
        double min=INT_MAX;
        int   j=1;
        for(int   k=2;k<=n;k++)
        {
            if((lowcost[k]<min) && (!s[k]))
            {
                min=lowcost[k];

```
                        j=k;
                }//if
            }//for
        printf("%d %d\n",  closest[j],  j);
        T[closest[j]][j]=1;
        T[j][closest[j]]=1;
        WT+=c[closest[j]][j];
        s[j]=true;
        for(k=2;k<=n;k++)
        {
            if((c[j][k]<lowcost[k]) && (!s[k]))
            {
                lowcost[k]=c[j][k];
                closest[k]=j;
            }//if
        }//for
    }//for
}//Prim
bool visited[NUM]={false};
int L[NUM];
int i=1;
int first(int v)
{
    int i=1;
    while(i<=8 && !T[v][i])
    {
        i++;
    }//while
    if(i<=8)
        return i;
    else
        return 0;
}//first
int next(int v,  int w)
{

    int i=w+1;
    while(i<=8 && !T[v][i])
    {
```

186

```
                i++;
        }//while
    if(i<=8)
            return i;
    else
            return 0;
}//next
void dfs(int v)
{
    L[i++]=v;
    visited[v]=true;
    int w=first(v);
    while(w)
    {
            if(!visited[w])
                    dfs(w);
            w=next(v，w);
    }//while
}//dfs
int main()
{
    cout<<"生成树 T:"<<endl;
    Prim(8，c);
    cout<<"W(T)="<<WT<<endl;
    dfs(1);
    double WH=0;
    for(int i=1;i<8;i++)
    {
            WH+=c[L[i]][L[i+1]];
    }//for
    WH+=c[L[1]][L[8]];
    cout<<"遍历序列 L=(";
    for(i=1;i<8;i++)
    {
            cout<<L[i]<<"，";
```

```
        }//for
    cout<<L[8]<<")"<<endl;
    cout<<"W(H)="<<WH<<endl;
    return 0;
}//main
```

运行结果：

```
生成树T：
1 2
2 3
1 4
4 5
5 6
5 7
2 8
W(T)=11.8929
遍历序列L=(1,2,3,8,4,5,6,7)
W(H)=19.074
Press any key to continue_
```

在图中选顶点 a，采用 Prim 算法生成以顶点 a 为根节点的最小生成树 T。初始化：

	0	1	2	3	4	5	6	7	8
lowcost[]		∞	2	$\sqrt{10}$	2	$\sqrt{10}$	$\sqrt{8}$	$\sqrt{20}$	$\sqrt{17}$
closest[]		1	1	1	1	1	1	1	1
s[]		1	0	0	0	0	0	0	0

选取顶点 b：

	0	1	2	3	4	5	6	7	8
lowcost[]		∞	2	$\sqrt{2}$	2	$\sqrt{10}$	2	4	$\sqrt{5}$
closest[]		1	1	2	1	1	2	2	2
s[]		1	1	0	0	0	0	0	0

$$T[9][9]=\begin{pmatrix} 0 & 0 & 0 & 0 & 0 & 0 & 0 & 0 & 0 \\ 0 & 0 & 1 & 0 & 0 & 0 & 0 & 0 & 0 \\ 0 & 1 & 0 & 0 & 0 & 0 & 0 & 0 & 0 \\ 0 & 0 & 0 & 0 & 0 & 0 & 0 & 0 & 0 \\ 0 & 0 & 0 & 0 & 0 & 0 & 0 & 0 & 0 \\ 0 & 0 & 0 & 0 & 0 & 0 & 0 & 0 & 0 \\ 0 & 0 & 0 & 0 & 0 & 0 & 0 & 0 & 0 \\ 0 & 0 & 0 & 0 & 0 & 0 & 0 & 0 & 0 \\ 0 & 0 & 0 & 0 & 0 & 0 & 0 & 0 & 0 \end{pmatrix}$$

188

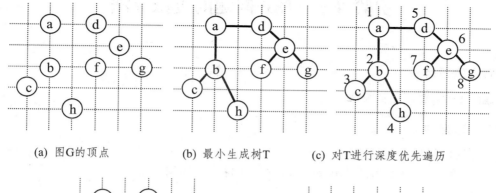

| (a) 图G的顶点 | (b) 最小生成树T | (c) 对T进行深度优先遍历 |

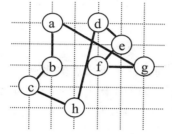
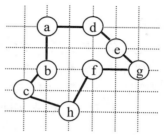

（d）由遍历序列产生哈密顿回路的最优解　　　　　（e）TSP 问题的最优解

图 8.5　TSP 问题的近似算法求解示例

算法 8.3 的执行时间主要耗费在采用 Prim 算法构造最小生成树，因此，其时间复杂性为 $O(n^2)$。

下面考察算法 8.2 的近似比。设满足三角不等式的无向图 G 的最短哈密顿回路为 H^*(如 $a \to b \to c \to h \to f \to g \to e \to d \to a$)，$W(H^*)$ 是 H^* 的代价之和(如 $2+\sqrt{2}+\sqrt{5}+\sqrt{5}+2+\sqrt{2}+\sqrt{2}+2=14.715$)；$T$ 是由 Prim 算法求得的最小生成树(如 $a \to b$，$b \to c$，$b \to h$，$a \to d$，$d \to e$，$e \to f$，$e \to g$)，$W(T)$是 T 的代价之和(如 $\sqrt{5}+2+2+\sqrt{2}+\sqrt{2}+\sqrt{2}+\sqrt{2} \approx 11.892$)；$H$ 是由算法 8.2 得到的近似解(如 $a \to b \to c \to h \to d \to e \to f \to g \to a$)，也是图 G 的一个哈密顿回路，$W(H)$是 H 的代价之和(如 $2+\sqrt{2}+\sqrt{5}+\sqrt{17}+\sqrt{2}+\sqrt{2}+2+\sqrt{20} \approx 19.074$)。因为图 G 的任意一个哈密顿回路删去一条边，构成图 G 的一个生成树，所以，有 $W(T) \leqslant W(H^*)$。

设算法 8.3 中深度优先遍历生成树 T 得到的路线为 R(如 $a \to b \to c \to b \to h \to b \to a \to d \to e \to f \to e \to g \to e \to d \to a$)，则 R 中对于 T 的每条边都经过两次，所以，有 $W(R)=2W(T)$。

算法 8.3 得到的近似解 H 是 R 删除了若干中间点(不是第一次出现的顶点)得到的，每删除一个顶点恰好是用三角形的一条边取代另外两条边。例如，在图 8.5 中，遍历生成树的路线为 $a \to b \to c \to b \to h \to b \to a \to d \to e \to f \to e \to g \to e \to d \to a$，删除第 2 次出现的顶点 b，相当于用边$(c，h)$取代另外两条边$(c，b)$和$(b，h)$。由三角不等式可知，这种取代不会增加总代价，所以，有 $W(H) \leqslant W(R)$，从而 $W(H) \leqslant 2W(H^*)$，$\eta = \dfrac{W(H)}{W(H^*)} \leqslant 2$，由此，算法 8.3 的近似比为 2。

实验 8——TSP 问题的近似算法

1. 实验题目

求解 TSP 问题的近似算法。

2. 实验目的

（1）了解近似算法的局限性；

（2）掌握求解 NPC 的一种方法：只对问题的特殊实例求解。

3. 实验要求

（1）理解满足三角不等式的 TSP 问题的特点及应用实例；

（2）设计近似算法求解满足三角不等式的 TSP 问题，并求出近似比；

（3）将求解满足三角不等式的 TSP 问题的近似算法应用于一般的 TSP 问题，考察它的近似性能，理解为什么说 TSP 问题是 NP 问题中最难的一个问题。

4. 实现提示

设数组 visited[n]作为顶点的访问标志，visited[i]=0 表示顶点 i 未被访问，visited[i]=1 表示顶点 i 已被访问，从顶点 v 出发深度优先遍历图的算法如下：

```
bool visited[NUM]={false};
int L[NUM];
int i=1;
int first(int v)
{
    int i=1;
    while(i<=8 && !T[v][i])
    {
        i++;
    }//while
    if(i<=8)
        return i;
    else
        return 0;
}//first
int next(int v,  int w)
{

    int i=w+1;
    while(i<=8 && !T[v][i])
    {
        i++;
    }//while
    if(i<=8)
        return i;
    else
```

```
            return 0;
}//next
void dfs(int v)
{
    L[i++]=v;
    visited[v]=true;
    int w=first(v);
    while(w)
    {
        if(!visited[w])
            dfs(w);
        w=next(v,  w);
    }//while
}//dfs
```

满足三角不等式的 TSP 问题的近似算法可以应用于一般的 TSP 问题,但不能保证其近似比。实际上,对于一般的 TSP 问题,除非 NP=P,否则,不存在近似比 $\rho<\infty$ 的多项式时间的近似算法。

阅读材料 8 若干 NP 困难的组合最优化问题的近似算法

1. 动机与背景

设施选址问题是组合最优化领域中的一个经典的研究课题。它起源于为服务特定客户群体的设施进行选址(定位)的实际应用。在众多管理决策问题中,人们常常要选择地址去建造某种设施以便有效地为特定的客户来提供服务。这些设施有可能是物流配送中心、广播电视发射台、超级市场、图书馆、ATM 自动售货机、消防站和无线通讯基站等等。当然,在不同地址处建造设施以及不同设施服务不同客户的费用都是不相同的。那么,我们应如何为待建设施选择地址,再确定已建设施与客户之间的服务关系,才能使建造费用与服务费用之和最小呢?

人们从多个角度对设施选址问题开展了研究,如聚类分析、机器排序、信息(数据)修复、通讯网络设计等。作为在运筹学和管理学文献中被广泛研究的一个组合最优化问题,设施选址问题在计算机网络中路由器和高速缓冲存储器的放置、因特网镜像站点的定位、交通控制、邮路的设计、UMTS(Universal Mobile Telecommunications System)通讯网络的设计等方面都有着重要的应用。

在许多情形下,还有某些进一步的约束条件需要考虑到,如每一设施只能服务有限数目的客户;某些客户不能由某些特定的设施来提供服务;由某一设施来服务的客户至少有某一比例部分来自某一群体;来自不同群体的客户不能由相同的设施来提供服务,等等。我们要关注的是一类推广的设施选址问题,它不要求所有的客户都必须由某一设施来提供服务,但对那些未由任一设施来提供服务的客户在目标函数中追加以相应的惩罚费用。

与设施选址问题提出的问题相反,我们还想知道:为服务客户而支付的总费用(建造费用与服务费用之和)能否由不同客户来公平地分摊呢? 比如说,政府或许愿意为某项体育设施的建设买单，但它无论如何不会痛痛快快地支付多于自己应分摊部分的开销。这一疑问激起我们去研究这种费用分配问题的浓厚兴趣。

网络模型由两个主要的元素构成：边(有时也称为弧)和顶点(或节点)。图 $G=(V, E)$ 是由顶点和边相互联结而成的二元结构，其中 V, E 分别为顶点集和边集。弧有特定方向的图称为有向图，否则称为无向图。每条边都被赋予一个权的图称为网络。图 G 中的一个顶点和边交错出现的有限非空序列称为**链**。边不重复的链称为**迹**，顶点不重复的链称为**路**，初始顶点(也是终止顶点)和中间顶点不重复的闭迹称为**圈**。若对 $\forall u, v \in V$，G 中总存在一条从 u 到 v 的路，则称 G 是连通的。若 G 是不含有圈的连通图，则称 G 为树，其上的度数为 1 的顶点称为**叶**。

网络设计是组合最优化领域中的另一个著名的研究课题，它意在从网络中找出一个符合某种(或某些)条件的子图。若要找的子图是树，则我们得到**经典的 Steiner 树问题**。若要找的 Steiner 树的非叶顶点只能是某些特定的顶点，则我们得到 **Steiner 树-星问题**。若要找的 Steiner 树需满足某种(或某些)瓶颈条件，则我们得到**瓶颈 Steiner 网络设计问题**。若要找的 Steiner 树需分别至少包含一系列"组"中的特定数目的顶点，则我们得到**分组 Steiner 问题**；特别地，当"特定数目"为 1 时，我们得到**覆盖 Steiner 问题**。

我们对于 Steiner **网络设计问题**的研究动机源于它在 VLSI(very large-scaled integration)设计、光学网络和无线通讯等领域的重要应用。这些应用通常需要对经典的 Steiner 树问题做某种形式的修改，因而使对各种 Steiner **树变异问题**的研究在近期成为热点。

除了设施选址问题和网络设计问题，我们还研究了来自于计算生物学中的一个组合最优化问题——**断点 median 问题**。给定 k 个基因组，断点 median 问题要求从中选出一个 median 基因组，以使其与其余基因组的断点距离之和最小。

我们在论文中所研究的问题大多是 NP-困难的，即它们不可能存在多项式时间精确算法，除非 P=NP。因此，我们将主要研究这些问题的近似算法的设计与分析。

2. 算法的基本概念

在本节中，我们将介绍计算复杂性理论的一些基本概念。鉴于这些概念都非常具有技术性，我们将只给出其要点，以便尽快地展开正文的论述。

定义 1　一个最优化问题 $\prod$ 指的是一个最大化问题或最小化问题。$\prod$ 的每一实例 I 都有一个非空的可行解集合(称为可行域)，其中任一可行解都对应着一个非负实数——目标函数值。一个组合最优化问题 $\prod$ 指的是一个可行域为有限集的最优化问题。

简而言之，算法是用来解决问题的实例的方法。著名的计算机科学家 D. E. Knuth 说："算法是一个有穷规则的集合，其中的规则规定了解决某一特定类型问题的解答过程"。毋庸置疑，算法作为计算机科学的灵魂，与软件乃至整个计算机系统都是息息相关的。那么，我们应该如何来评价算法的优劣呢？理论计算机科学家主要通过分析算法的运行时间(也称为时间复杂性或计算复杂性)来衡量其性能的。

定义 2　一个运行时间为关于实例的输入规模的多项式函数的算法称为多项式时间算法，也称为有效算法或好算法。

在计算复杂性理论中，所有存在多项式时间算法的问题被称为 **P 类问题**。然而，还有相当多的问题，人们至今没有找到其任何一个多项式时间算法。这些尚不确定是否存在多项式时间算法的问题被称为 **NP 类问题**。长久以来，"P=NP"一直是计算复杂性理论中的一个非常困难的公开问题。

在 NP 类问题中有一类 NP-完全问题,如果它们中的任何一个有(或没有)多项式时间算法,那么其余所有问题也有(或没有)多项式时间算法。

定义 3 一个最优化问题被称为 NP-困难的,如果所有 NP 类问题都可在多项式时间内归结为此问题。

定义 4 最优化问题∏的一个多项式时间算法被称为精确算法,如果它可返回∏的任一实例的最优解。

定理 1 除非 P=NP,NP-困难的问题不存在多项式时间精确算法。

因此,我们很自然地要转向对 NP-困难的问题的近似算法的研究。

定义 5 最优化问题∏的一个多项式时间算法称为∏的一个近似算法,如果对给定的∏的一个实例 I,它可返回 I 的一个非最优解的可行解。

显然,I 的某一可行解的目标函数值可能会与其最优解对应的目标函数值——最优值相差甚大。我们感兴趣的当然是能返回"最接近"最优值的可行解的算法。

下面的一些定义可帮助我们来评价近似算法的近似程度的好坏。令 OPT_I 表示最优化问题∏的实例 I 的最优值。

定义 6 最优化问题∏的近似算法 A 的近似比(也称为性能比、近似因子、相对误差)为 ρ(n)。如果对∏的任一实例 I。|I|=n,A 可返回 I 的一个可行解,且其目标函数值 A_I 满足

$$\max\left\{\frac{A_I}{OPT_I}, \frac{OPT_I}{A_I}\right\} \leqslant \rho(n),$$ 此时,称 A 为∏的一个 ρ(n)-近似算法。

注意:近似比 ρ(n)总是一个不小于 1 的数(或函数):ρ(n)越小,近似程度越好;特别地,当 ρ(n)=1 时,算法 A 即为一个多项式时间精确算法。

定义 7 最优化问题∏的一个算法族 {A } 称为∏的一个多项式时间近似方案(polynomial-time approximation schema,PTAS):如果对任意给定的 >0,算法 A 都是∏的一个(1+)-近似算法。

定义 8 若存在常数 c>0,使当 n 充分大时,有 g(n)≤cf(n),则记 g(n)=O(f(n))。

定义 9 若最优化问题∏的算法对其任一实例的时间复杂性为 O(f(n)),则称∏是属于 DTIME[f(n)]类的。

习题 8

一、选择题

1. 衡量近似算法性能的重要标准有:( )

    A. 算法复杂度   B. 问题复杂度

    C. 解的最优近似度   D. 算法的策略

二、填空题

1. 若一个最优化问题的最优值为 $c*$,求解该问题的一个近似算法所求得的近似最优解相应的目标函数值为 c,则将该近似算法的性能比定义为 $=\eta = \max\left\{\dfrac{c}{c*}, \dfrac{c*}{c}\right\}$。

三、算法分析题

1. 解顶点覆盖问题的一个启发式算法如下：每次选择具有最高度数的顶点，然后将与其关联的所有边删去。举例说明该算法的近似比将大于 2。

解答：

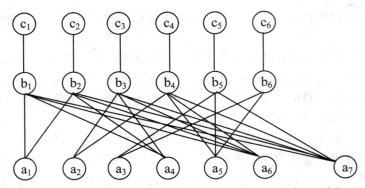

开始，顶点 a_7 的度为 5，最高。选择 a_7，然后将与其关联的所有边删去。

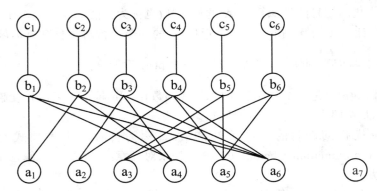

此时，顶点 a_6 的度为 4，最高。选择 a_6，然后将与其关联的所有边删去。

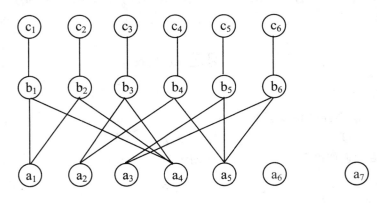

此时，顶点 a_5 的度为 3，最高。选择 a_5，然后将与其关联的所有边删去。

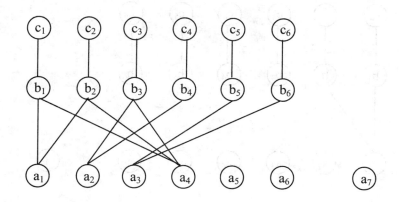

此时，顶点 a_4 的度为3，最高。选择 a_4，然后将与其关联的所有边删去。

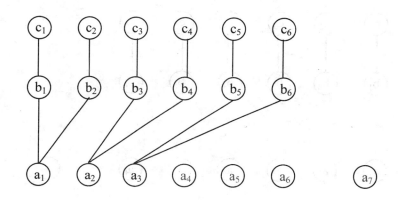

此时，顶点 a_3 的度为2，最高。选择 a_3，然后将与其关联的所有边删去。

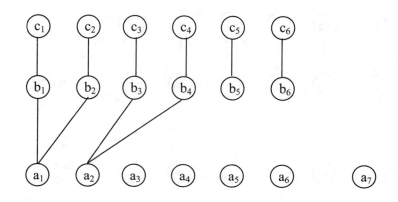

此时，顶点 a_2 的度为2，最高。选择 a_2，然后将与其关联的所有边删去。

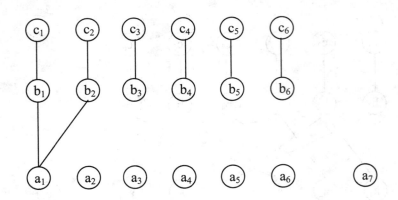

此时，顶点 a_1 的度为 2，最高。选择 a_1，然后将与其关联的所有边删去。

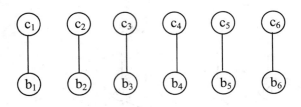

此时，顶点 b_6 的度为 1，最高。选择 b_6，然后将与其关联的所有边删去。

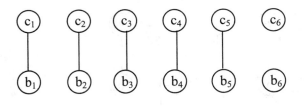

此时，顶点 b_5 的度为 1，最高。选择 b_5，然后将与其关联的所有边删去。

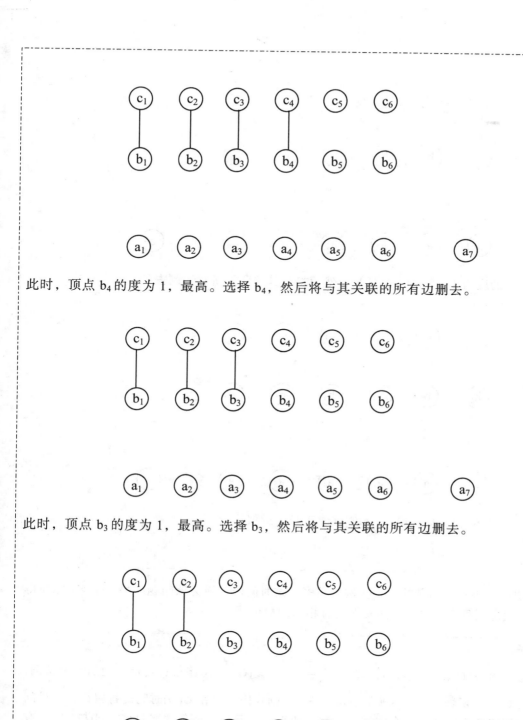

此时，顶点 b_4 的度为 1，最高。选择 b_4，然后将与其关联的所有边删去。

此时，顶点 b_3 的度为 1，最高。选择 b_3，然后将与其关联的所有边删去。

此时，顶点 b_2 的度为 1，最高。选择 b_2，然后将与其关联的所有边删去。

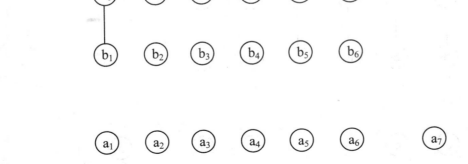

此时，顶点 b_1 的度为 1，最高。选择 b_1，然后将与其关联的所有边删去。

近似值为：$|V|=7+6=13$，最优值为：$|V^*|=6$，于是，近似比为：

$$\eta = \frac{|V|}{|V^*|} = \frac{13}{6} > 2$$

2. 证明旅行售货员问题的一个实例可在多项式时间内变换为该问题的另一个实例，使得其费用函数满足三角不等式，且两实例具有相同的最优解。

分析与解答：

给定完全图 $G=(V,E)$，$|V|=n$，$|E|=\dfrac{n(n-1)}{2}=m$，设 (G,c) 是旅行售货员问题的一个实例，即 c 是 G 上的费用函数。若 c 不满足三角不等式，则我们可以在 $O(m)$ 时间内将旅行售货员问题的这个实例变换为它的另一个实例 (G,c')，使得 c' 满足三角不等式，且 (G,c') 与 (G,c) 有相同的最优解。

设 $\max c = \max\limits_{e \in E}\{c(e)\}$，取 $k \geqslant \max c$，定义费用函数 c' 为 $c'(e)=c(e)+k$，$e \in E$。则 c' 满足三解不等式。事实上，对任意 3 个顶点 u，v 和 $w \in V$，有

$$c'(u,w)=c(u,w)+k \leqslant \max c+k \leqslant 2k \leqslant 2k+c(u,v)+c(v,w)=c'(u,v)+c'(v,w)$$

这个变换显然可以在 $O(m)$ 时间内完成。变换后的费用函数 c' 保持了变换前费用函数 c 的

序关系，即对任意 e_1，$e_2 \in E$，$c(e_1) < c(e_2)$ 当且仅当 $c'(e_1) < c'(e_2)$。由此易知，H 是 (G, c) 的一个最优解当且仅当 H 是 (G, c') 的一个最优解。因此，我们证明了旅行售货员问题的一个实例可以在多项式时间内变换为该问题的另一个实例，使得其费用函数满足三角不等式，且两实例具有相同的最优解。例如：

$G=(V, E)$，$V=\{u, v, w\}$，$E=\{(u, v), (v, w), (u, w)\}$，$n=|V|=3$，$|E|=\dfrac{n(n-1)}{2}=\dfrac{3(3-1)}{2}=3=m$

$c(u, v)=1$，$c(v, w)=1$，$c(u, w)=3$

$\because c(u, v)+c(v, w)=1+1=2<c(u, w)=3$

$\therefore$ 不满足三角不等式

设 $\max c = \max\limits_{e \in E}\{c(e)\} = \max\{c(u,v),c(v,w),c(u,w)\} = \max\{1,1,3\}=3$，取 $k \geqslant \max c=3$，定义费用函数 c' 为 $c'(e)=c(e)+k$，$e \in E$。于是有

$c'(u, v) =c(u, v)+k =1+3=4$，

$c'(v, w) =c(v, w)+k =1+3=4$，

$c'(u, w) =c(u, w)+k =3+3=6$，

则 c' 满足三解不等式。事实上，对顶点 u，v 和 $w \in V$，有

$c'(u, w)=6 \leqslant c'(u, v)+c'(v, w)=4+4=8$

这个变换显然可以在 $m=3$ 次加法运算时间内完成。变换后的费用函数 c' 保持了变换前费用函数 c 的序关系，即 $c(u, v)=c(v, w)=1$ 当且仅当 $c'(u, v)=c'(v, w)=4$；$c(u, v)=1<c(u, w)=3$ 当且仅当 $c'(u, v)=4<c'(u, w)=6$。；$c(v, w)=1<c(u, w)=3$ 当且仅当 $c'(v, w)=4<c'(u, w)=6$。

国际大学生程序设计竞赛试题——The Triangle

Description

```
              7
            3   8
          8   1   0
        2   7   4   4
      4   5   2   6   5
```

(Figure 1 Number Triangle)

Figure 1 shows a number triangle. Write a program that calculates the highest sum of numbers passed on a route that starts at the top and ends somewhere on the base. Each step can go either diagonally down to the left or diagonally down to the right.

Input

Your program is to read from standard input. The first line contains one integer n: the number of rows in the triangle. The following n lines describe the data of the triangle. The number of rows in the triangle is >= 1 but <= 100. The numbers in the triangle，all integers，are between 0 and 99.

Output

Your program is to write to standard output. The highest sum is written as an integer.

Sample Input

```
5
7
3 8
8 1 0
2 7 4 4
4 5 2 6 5
```

Sample Output

30

模拟试题

一、填空题(每小题 3 分，共 30 分)

1. 一个算法的优劣可以用_____与_____来衡量。
2. 这种不断回头寻找目标的方法称为_____。
3. 直接或间接地调用自身的算法称为_____。
4. θ 记号在算法复杂性的表示法中表示_____。
5. 由分治法产生的子问题往往是_____，这就为使用_____提供了方便。
6. 建立计算模型的目的是为了使_____。
7. 下列各步骤的先后顺序是_____。①调试程序 ②分析问题 ③设计算法 ④编写程序。
8. 最优子结构性质的含义是_____。
9. 贪心算法从初始阶段开始，每一个阶段总是作一个使_____的贪心选择。
10. 拉斯维加斯算法找到的解一定是_____。

二、选择题(每小题 2 分，共 20 分)

1. 哈夫曼编码可利用( )算法实现。
   A. 分治策略　　　　　　　　B. 动态规划法
   C. 贪心法　　　　　　　　　D. 回溯法

2. 下列不是基本计算模型的是( )。
   A. RAM　　　　　　　　　　B. ROM
   C. RASP　　　　　　　　　 D. TM

3. 下列算法中通常以自顶向下的方式求解最优解的是( )。
   A. 分治法　　　　　　　　　B. 动态规划法
   C. 贪心法　　　　　　　　　D. 回溯法

4. 在对问题的解空间树进行搜索的方法中，一个活节点有多次机会成为活节点的是( )
   A. 回溯法　　　　　　　　　B. 分支限界法
   C. 回溯法和分支限界法　　　D. 动态规划

5. 秦始皇吞并六国使用的远交近攻，逐个击破的连横策略采用了以下哪种算法思想？
   A. 递归　　　　　　　　　　B. 分治
   C. 迭代　　　　　　　　　　D. 模拟

6. FIFO 是( )的一搜索方式。
   A. 分支界限法　　　　　　　B. 动态规划法

C. 贪心法　　　　　　　　　　　D. 回溯法

7. 投点法是(　　)的一种。
    A. 分支界限算法　　　　　　　　B. 概率算法
    C. 贪心算法　　　　　　　　　　D. 回溯算法

8. 若线性规划问题存在最优解，它一定不在(　　)
    A. 可行域的某个顶点上
    B. 可行域的某条边上
    C. 可行域内部
    D. 以上都不对

9. 在一般输入数据的程序里，输入多多少少会影响到算法的计算复杂度，为了消除这种影响可用(　　)对输入进行预处理。
    A. 蒙特卡罗算法　　　　　　　　B. 拉斯维加斯算法
    C. 舍伍德算法　　　　　　　　　D. 数值概率算法

10. 若 L 是一个 NP 完全问题，L 经过多项式时间变换后得到问题1，则1是(　　)。
    A. P 类问题　　　　　　　　　　B. NP 难问题
    C. NP 完全问题　　　　　　　　D. P 类语言

三、简答题(每小题 5 分，共 20 分)

1. 采用高级程序设计语言表达算法，主要好处是什么？

2. 由于贪心算法是一种只顾眼前的步骤，而难以顾及全局步骤的算法，所以它通常表现出哪些特点？

3. 求下列函数的渐近表达式：

（1）$n^2 + 10n - 1$；

（2）$14 + 5/n + 1/n^2$；

4. 简述动态规划算法的基本步骤。

四、算法设计题(每小题 15 分，共 30 分)

1. 假设有 7 个物品，它们的重量和价值如下表所示。若这些物品均不能被分割，且背包容量 M=150，使用回溯方法求解此背包问题。请写出状态空间搜索树并计算各个节点处的限界函数值，最后给出装载方案及背包中物品的重量和价值。

物品	A	B	C	D	E	F	G
重量	35	30	60	50	40	10	25
价值	10	40	30	50	35	40	30

2. 用单纯形法解下列线性规划问题：

$$\max \ z = -x_2 + 3x_3 - 2x_5$$
$$x_1 + 3x_2 - x_3 + 2x_5 \qquad = \quad 7$$
$$x_4 - 2x_2 + 4x_3 \qquad\qquad = \quad 12$$
$$x_6 - 4x_2 + 3x_3 + 8x_5 \qquad = \quad 10$$
$$x_i \geqslant i = 1,2,3,4,5,6$$

（1）填写初始单纯型表。

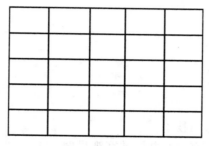

（2）写出每一步的入基变量和离基变量。

（3）填写最终单纯型表并给出最优解。

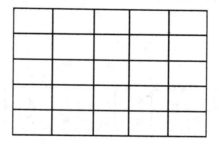

目标函数的最大值为：

最优解为：

参考答案

一、填空

1. 空间复杂度　时间复杂度
2. 回溯法
3. 递归算法
4. 渐进确界或紧致界
5. 原问题的较小模式　递归技术
6. 问题的计算复杂性分析有一个共同的客观尺度
7. ②③④①
8. 问题的最优解包含其子问题的最优解
9. 局部最优
10. 正确的

二、选择

1	2	3	4	5	6	7	8	9	10
C	B	C	A	B	A	B	C	B	A

三、简答题

1. 高级语言更接近算法语言，易学、易掌握，一般工程技术人员只需要几周时间的培训就可以胜任程序员的工作；高级语言为程序员提供了结构化程序设计的环境和工具，使得设计出来的程序可读性好，可维护性强，可靠性高；高级语言不依赖于机器语言，与具体的计算机硬件关系不大，因而所写出来的程序可植性好、重用率高；把繁杂琐碎的事务交给编译程序，所以自动化程度高，开发周期短，程序员可以集中时间和精力从事更重要的创造性劳动，提高程序质量。

2. ① 不能保证最后求得的解是最佳的；即多半是近似解。(少数问题除外)
② 策略容易发现(关键：提取清楚问题中的维度)，而且运用简单，被广泛运用。
③ 策略多样，结果也多样。
④ 算法实现过程中，通常用到辅助算法：排序

3. 解：① 因为：$\lim\limits_{n \to \infty} \dfrac{(n^2+10n-1)-n^2}{n^2+10n-1} = 0$；由渐近表达式的定义易知：$n^2$ 是 $n^2+10n-1$；的渐近表达式。

②因为：$\lim\limits_{n\to\infty}\dfrac{(14+5/n+1/n^2)-14}{14+5/n+1/n^2}=0$ 由渐近表达式的定义易知：14 是 $14+5/n+1/n^2$ 的渐近表达式。

4. 找出最优解的性质，并刻划其结构特征。递归地定义最优值。以自底向上的方式计算出最优值。根据计算最优值时得到的信息，构造最优解。

四、算法设计题

1. 按照单位效益从大到小依次排列这 7 个物品为：FBGDECA。将它们的序号分别记为 $1\sim 7$。则可生产如下的状态空间搜索树。其中各个节点处的限界函数值通过如下方式求得：【排序 1 分】

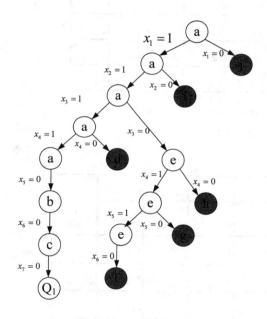

a. $40+40+30+50+35\times\dfrac{150-115}{40}=190.625$ $(1,1,1,1,\frac{7}{8},0,0)$

b. $40+40+30+50+30\times\dfrac{150-115}{60}=177.5$ $(1,1,1,1,0,\frac{7}{12},0)$

c. $40+40+30+50+10=170$ $(1,1,1,1,0,0,1)$

d. $40+40+30+35+30\times\dfrac{150-105}{60}=167.5$ $(1,1,1,0,1,\frac{3}{4},0)$

e. $40+40+50+35+30\times\dfrac{150-130}{60}=175$ $(1,1,0,1,1,\frac{1}{3},0)$

f. $40+40+50+35+10\times\dfrac{150-130}{35}=170.71$ $(1,1,0,1,1,0,\frac{4}{7})$

g. $40+40+50+30=160$ $(1,1,0,1,0,1,0)$

h. $40+40+35+30+10\times\dfrac{150-140}{35}=146.85$ $(1,1,0,0,1,1,\frac{2}{7})$

i. $40+30+50+35+30 \times \dfrac{150-125}{60} = 167.5 \ (1,0,1,1,1,\dfrac{5}{12},0)$

j. $40+30+50+35+30 \times \dfrac{150-145}{60} = 157.5 \ (0,1,1,1,1,\dfrac{1}{12},0)$

在 Q_1 处获得该问题的最优解为 $(1,1,1,1,0,0,1)$，背包效益为 170。即在背包中装入物品 F、B、G、D、A 时达到最大效益，为 170，重量为 150。【结论 2 分】

2. 初始单纯型表如下：

（1）(5 分)

		x2	x3	x5
z	0	-1	3	-2
x1	7	3	-1	2
x4	12	-2	4	0
x6	10	-4	3	8

（2）第一步入基变量 x3、离基变量 x4

第二步入基变量 x2、离基变量 x1

（3）(6 分)

		x1	x4	x5
z	11	-1/5	-4/5	-12/5
x2	4	5/2	1/10	4/5
x3	5	1/5	3/10	2/5
x6	11	1	-1/2	10

目标函数的最大值为 11

最优解为：$x^*=(0，4，5，0，0，11)$

(其中表格填写占 11 分，目标函数的最大值 2 分，最优解为占 2 分)

参考文献

[1] 孙世新. 组合数学. 3 版. 成都：电子科技大学出版社，2003.

[2] 王红梅. 算法设计与分析. 北京：清华大学出版社，2006.

[3] 王晓东. 计算机算法设计与分析. 3 版. 电子工业出版社，2007.

[4] 赵端阳，左伍衡. 算法分析与设计——以大学生程序设计竞赛为例. 北京：清华大学出版社，2012.

[5] 严蔚敏，吴伟民. 数据结构(C 语言版). 北京：清华大学出版社，2007.

[6] 浙江省大学生程序设计竞赛，Sun Cup 2004，http://acm.zju.edu.cn/onlinejudge/showProblem. do? problemCode=2109.

[7] http://acm.zju.edu.cn/onlinejudge/showProblem.do?problemCode=1002.